KB210875

# Switzerland+

**이창민 교수**는 대표적인 도시 개발 및 도시 재생 연구자로, 한국부동산개발협회 최고경영자과정(ARP)과 차세대 디벨로퍼과정(ARPY)의 주임교수로 활동 중입니다. 30년 넘게 뉴욕, 런던, 파리 등 270여 개 도시의 개발 및 재생 사례를 면밀히 조사하며 도시 경제와 부동산 분야를 연구하고 있으며, 『스토리텔링을 통한 공간의 가치』(2020, 세종도서 교양부문 선정), 『도시의 얼굴』, 『사유하는 스위스』, 『해외인턴 어디까지 알고 있니』 등을 썼습니다. 또한 사단법인 공공협력원 재단의 원장으로서 지속가능한 지역 개발, 글로벌 인재 양성, 나눔 실천, 문화예술 발전에 기여하는 동시에 도시경제학 박사로서 유럽 도시문화공유연구소의 소장직을 맡아 세계 도시들의 문화 경제적 가치를 심도 있게 연구하고 있습니다.

 hh902087@gmail.com  https//travelhunter.co.kr  @chang.min.lee

## 도시의 얼굴 – 스위스

**초판 1쇄 발행** 2024년 11월 15일

**지은이** 이창민
**펴낸이** 조정훈
**펴낸곳** (주)위에스앤에스(We SNS Corp.)

**진행** 박지영, 백나혜
**편집** 상현숙
**디자인 및 제작** 아르떼203(안광욱, 강희구, 곽수진) (02) 323-4893

**등록** 제 2019-00227호(2019년 10월 18일)
**주소** 서울특별시 서초구 강남대로 373 위워크 강남점 11-111호
**전화** (02) 777-1778
**팩스** (02) 777-0131
**이메일** ipcoll2014@daum.net

ⓒ 2024 이창민
저작권자의 사전동의 없이 이 책의 전재나 복제를 금합니다.

**ISBN** 979-11-989407-1-1
**세트** 979-11-978576-9-0

- 이미지 설명에 * 표시된 것은 위키피디아의 자료입니다.
- 소장자 및 저작권자를 확인하지 못한 이미지는 추후 정보를 확인하는 대로 적법한 절차를 밟겠습니다.
- 이 책에 대한 의견이나 잘못된 내용에 대한 수정 정보는 아래 이메일로 알려주십시오.
  E-mail: h902087@hanmail.net

도시의 얼굴

# 스위스

이창민 지음

(주)위에스앤에스
We SNS Corp.

## 《도시의 얼굴-스위스》를 펴내며

오늘날 해외 여행이나 출장은 인근 지역으로 떠나는 일과 다름없는 일상적인 경험이 되었습니다. 인공지능(AI), 크라우드, 빅데이터, 사물인터넷(IoT)과 같은 정보통신 기술의 급격한 발전 덕분에 우리는 온라인과 오프라인에서 세계 어느 도시든 손쉽게 만날 수 있는 시대를 살아가고 있습니다. 젊었을 때 열심히 저축하고 나이가 들어 은퇴한 후에야 해외 여행을 계획했던 이전 세대와는 달리, 지금의 세대는 더욱 적극적이고 다양한 형태의 여행을 즐기고 있습니다. 이러한 변화는 단순히 여행 방식의 변화를 넘어, 도시와 도시민을 바라보는 우리의 관점에도 큰 영향을 미치고 있습니다.

《도시의 얼굴-스위스》는 이러한 시대적 요구에 부응하여, 필자가 경험했고 기억하는 스위스라는 나라와 그 안에 위치한 도시들을 다양한 각도에서 조명하고, 그 속에 숨겨진 깊은 이야기를 독자들에게 전하고자 합니다. 필자는 지난 30여 년 동안 70여 개국 이상의 국가를 방문하며 270여 개의 도시를 경험했고, 그 과정에서 각 도시가 지닌 고유한 얼굴과 정체성을 깨닫게 되었습니다. 각 도시의 얼굴은 그곳의 역사, 문화, 경제, 그리고 종교적 배경에 따라 형성되며, 이러한 다양성은 그 도시의 본질을 이루는 중요한 요소가 됩니다.

스위스는 유럽의 중심에 위치한 작은 내륙국으로, 알프스산맥과 맑은 호수들로 유명합니다. 이 나라는 독일어, 프랑스어, 이탈리아어, 로만슈어 등 네 가지 공용어를 가진 다문화 국가로, 각각의 언어가 사용되는 지역마다 독특한 문화를 형성하고 있습니다. 스위스는 아름다운 자연경관과 안정된 경제, 그리

고 높은 삶의 질로 유명하며, 전 세계적으로 인정받는 평화롭고 안정된 국가입니다.

스위스의 수도인 베른은 중세의 매력을 간직한 도시로, 구시가지의 고풍스러운 건축물과 자랑스러운 역사적 유산을 제공합니다. 제네바는 국제 기구의 본거지로, 국제 연합(UN)과 세계 보건 기구(WHO) 본부가 위치해 있어, 국제 외교의 중심지 역할을 수행하고 있습니다. 이곳은 평화와 중립을 상징하는 도시로, 세계 각국 외교관의 방문과 국제적인 행사들이 끊임없이 이어지는 장소입니다.

취리히는 스위스의 금융과 경제의 중심지로, 세계적인 은행과 금융 기관들이 밀집해 있습니다. 또한 취리히는 현대 미술, 디자인, 음악의 중심지로도 평가받으며, 스위스의 문화적 명소로서 중요한 위치를 차지하고 있습니다. 이 도시는 국제 금융 허브의 역할을 넘어, 독특한 문화와 예술적 감각을 가진 도시로 성장해 왔습니다.

스위스는 자연경관으로도 전 세계에서 사랑받고 있습니다. 마테호른과 융프라우 같은 알프스산맥의 봉우리들은 세계적인 스키와 등산 명소로, 매년 수많은 관광객을 맞이합니다. 루체른은 호수와 중세 건축물로 유명한 도시로, 스위스의 자연미와 도시적 매력을 동시에 제공하는 장소입니다. 이 도시의 카펠교와 물의 탑은 중세 유럽의 정취를 그대로 간직한 대표적인 명소입니다.

스위스의 역사는 평화와 중립을 바탕으로 합니다. 이 나라는 두 차례의 세계대전 동안에도 군사적 충돌에 휘말리지 않았으며, 오늘날에는 국제 정치와 경제의 안정성을 상징하는 국가로 평가받고 있습니다. 또한 스위스는 세계 최고 수준의 교육과 건강 관리 시스템을 갖추고 있으며, 삶의 질이 매우 높은 국가로 널리 알려져 있습니다.

스위스는 고급 시계 제조업으로도 세계적으로 유명합니다. 롤렉스, 오메가, 태그호이어와 같은 세계적인 시계 브랜드가 스위스에서 탄생했으며, 이들의 정교함과 품질은 스위스의 상징 중 하나가 되었습니다. 또한 스위스의 치즈와 초콜릿은 전 세계적으로 사랑받고 있으며, 그 맛과 품질은 최고로 평가받고 있습니다. 이러한 전통적인 제품들은 스위스의 문화와 역사, 그리고 정성을 담아 세계 곳곳으로 퍼져나가고 있습니다.

스위스는 자연과 도시가 조화를 이루는 나라입니다. 빙하 열차를 타고 알프스의 절경을 감상하거나, 크랑몬타나 같은 휴양지에서 시간을 보내는 것은 스위스에서 누릴 수 있는 최고의 경험 중 하나입니다. 이와 같은 자연경관은 스위스 사람들의 삶의 질을 높이는 데 큰 역할을 하고 있으며 전 세계에서 방문하는 사람들에게도 큰 영감을 주고 있습니다.

스위스는 또한 지속가능한 발전과 환경 보호에 있어 세계를 선도하는 국가입니다. 스위스 정부는 깨끗한 자연환경을 유지하기 위해 많은 노력을 기울이고 있으며, 그 결과 스위스는 전 세계에서 가장 환경 친화적인 나라 중 하나로 평가받고 있습니다. 이러한 노력은 스위스가 앞으로도 계속해서 평화롭고 아름다운 나라로 남을 수 있도록 하는 중요한 요소입니다.

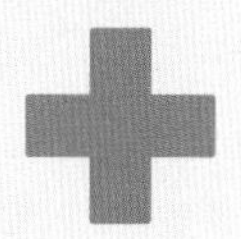

이 책은 스위스의 다양한 도시들과 자연경관을 탐험하며, 이 나라가 어떻게 독특한 정체성을 형성하게 되었는지를 이해하는 데 도움을 줄 것입니다. 필자는《도시의 얼굴 - 스위스》를 집필하면서, 스위스의 다양한 지역을 직접 탐험하고 연구하며, 그 속에 담긴 깊은 이야기를 담아 내고자 노력했습니다. 이 책이 스위스를 더욱 깊이 이해하고, 이 나라가 가진 매력에 흠뻑 빠질 수 있는 계기가 되기를 바랍니다.

마지막으로, 이 책이 세상에 나올 수 있도록 아낌없는 격려와 지원을 보내 주신 한국 부동산개발협회 창조도시부동산융합 최고경영자과정(ARP)과 차세대 디벨로퍼 과정(ARPY) 가족 여러분, 그리고 김원진 변호사님, 정호경 대표님 등 사회 공헌 가치에 공감하고 동참해 주시는 공공협력원 가족 여러분, 1년여 동안 책의 출판을 위해 도와주셨던 아르떼203 여러분, 그리고 저를 아껴 주시는 모든 분들께 감사의 말씀을 전합니다.

스위스라는 국가의 특별한 얼굴을 발견하고, 그 안에 담긴 이야기를 깊이 있게 이해하는 여정이 되기를 바랍니다.

2024년 11월 이 창 민

목차

## 스위스의 주요 자연 명소

## 스위스(Switzerland)

전체 지도 및 주요 도시

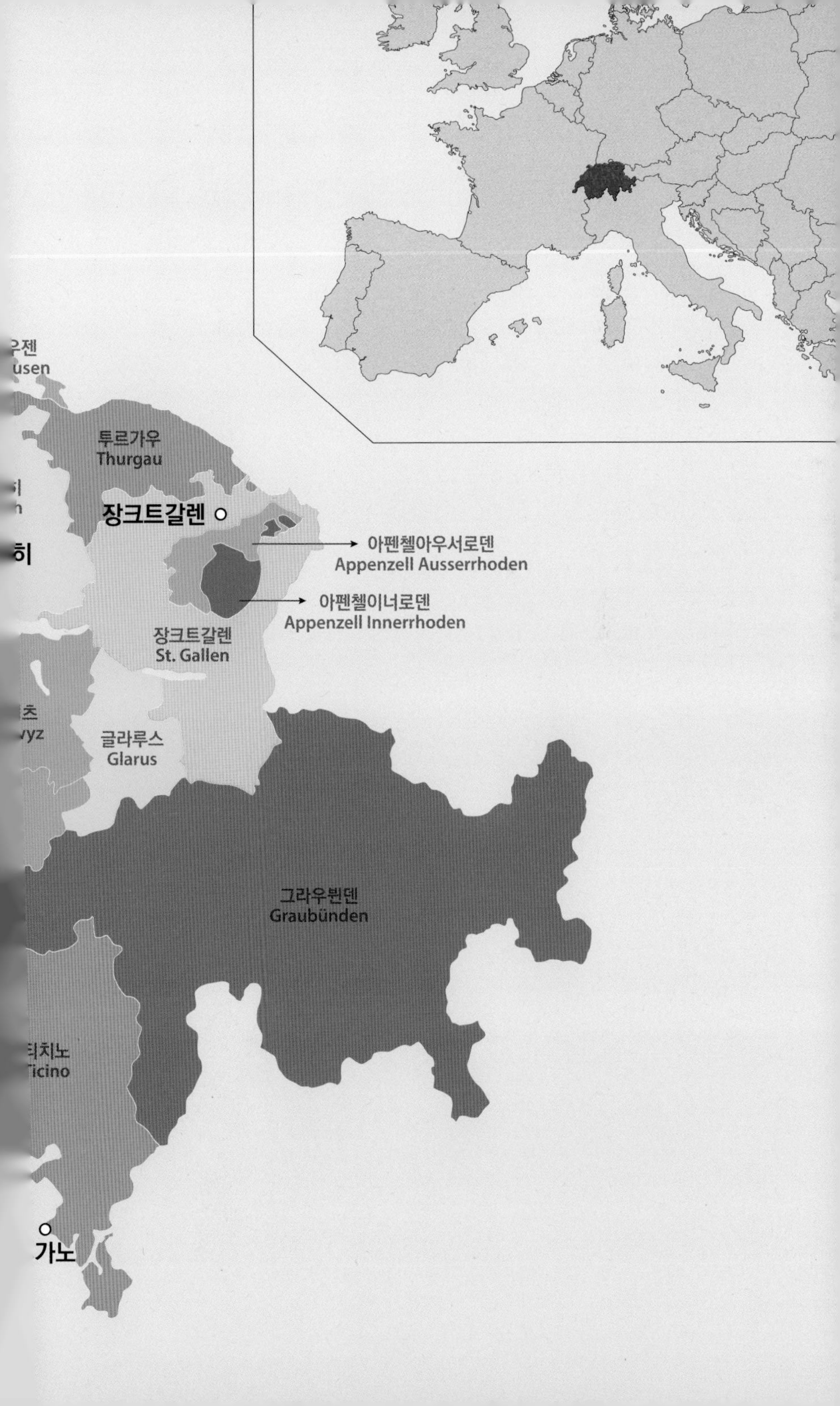

투르가우
Thurgau
장크트갈렌
아펜첼아우서로덴
Appenzell Ausserrhoden
아펜첼이너로덴
Appenzell Innerrhoden
장크트갈렌
St. Gallen
글라루스
Glarus
그라우뷘덴
Graubünden

# 1

# 스위스 개황

# 스위스 연방 공화국
(Swiss Confederation)

## 1. 스위스 개요

면적 - 4만 1,285km²(한반도의 5분의 1)
수도 - 베른(Bern)
인구 - 884만 명(2023년)
민족 - 독일계(65%), 프랑스계(18%), 이탈리아계(10%), 로만계(1%), 기타(6%)
기후 - 여름 평균 낮 기온 18~28°C, 겨울 평균 낮 기온 -2~7°C, 봄가을 평균 낮 기온 8~15°C
언어 - 독일어(62%), 프랑스어(22.7%), 이탈리아어(8.2%), 로망슈어(0.5%), 기타 언어(22.7%)
화폐 - 스위스프랑(CHF)
종교 - 천주교(33.7%), 무교(30.9%), 개신교(21.8%), 이슬람교(5.5%), 기타(8.1%)
GDP - 8,851억 달러(2023년)
(1인당 GDP) 10만 413달러(2023년)
행정구역 - 영세중립국: 연방(Bund)정부, 주(Kanton)정부,
시·군(Gemeinde)정부로 분산 위임

- 스위스는 중부 유럽의 연방 공화국으로 수도는 베른이고 최대 도시는 취리히이며, 국가 정식 명칭은 스위스 연방임
- 스위스는 영세중립국으로 유럽연합(EU) 국가는 아니지만 유럽자유무역연합(EFTA) 가입국으로 EU 가입국과 거의 동등한 지위를 누리고 있음
- 스위스는 프랑스어, 독일어, 이탈리아어, 로망슈어 등 4개 언어를 공용어로 사용하고 있으며 이 중 독일어를 가장 많이 사용함
  ※ 한 가지 언어를 대표적으로 사용하는 경우(국가법률 규정 등)에는 라틴어(CH)를 사용함
- 스위스는 여러 민족이 공동의 이익을 목표로 형성된 하나의 연맹으로, 다양한 인종이 각각의 공식 언어와 자체 자치권을 확보한 채 함께 어울려 살아감

## 2. 정치적 특징

국기 - ▪ 붉은색 바탕과 흰 십자가 문양의 사용은 1339년 스위스 베른주 라우펜 전투에서 스위스군이 아군을 식별하기 위해 갑옷에 흰 십자가를 새겨넣은 데에서 유래함
▪ 1840년 지금의 국기 도안을 도입하여 1848년 정식 제정함
▪ 스위스 국기는 전통적으로 자유, 명예, 충성을 나타내어 왔으며, 중립성, 민주주의, 평화, 보호도 상징함

공식 국호 - ▪ 스위스의 공식 국호는 'Confoederatio Helvetica'이며 라틴어로 '헬베티아 연방'이라는 뜻임(헬베티아는 스위스를 세운 옛 민족의 이름)
▪ 스위스의 국가 코드는 헬베티아 연방의 약자인 CH를 사용함

국가 모토 - ▪ UNUS PRO OMNIBUS, OMNES PRO UNO
▷ All for one, one for all, ▷ 하나는 모두를 위해 모두는 하나를 위해

비올라 암헤르트*

ch.ch
공식 국호*

국가 모토*

정치체제 - 내각책임제의 연방공화국(26개 칸톤[canton]으로 구성), 스위스식 회의체, 양원제(하원200석, 상원 46석)
▪ 연방(Bund)정부, 주(Kanton)정부, 시·군(Gemeinde)정부로 분산 위임
▪ 연방 정부: 안전 보장, 외교관계 유지, 조세, 체신, 금융, 병역 업무의 조정 및 감독, 7개 부로 구성되어 있으며 7인의 연방 평의회가 각 장관직을 담당함
▪ 주 정부: 총 26개 주가 있으며 각 주마다 독자적인 헌법, 의회, 정부 및 주 법원 운영, 연방법이 정하는 범위 내에서 자치권, 이법권, 조세권, 행정권 등을 보유함
▪ 시·군 정부: 2,136개의 시·군으로 구성

국가 원수 - 비올라 암헤르트(Viola Amherd, 1962~) ※ 2024년 1월 1일 취임
▪ 연방정부 의장으로 연방 평의회 7명의 장관(각료)이 1년씩 돌아가며 임기 수행

선거 형태 - 국민투표, 국민발안

주요 정당 - 스위스 내 총 11개의 정당 중 국민당(SVP), 사회민주당(SP), 자유민주당(FDP), 기독교민주당(CVP)의 지지율이 가장 높음

## 3. 스위스 약사(略史)

### 1) 스위스 국가 탄생 배경

▣ 역사적으로는 B.C. 5세기경 켈트족의 한 갈래인 헬베티아족이 스위스에 정착하면서 스위스의 역사가 시작되었으며 서기전 58년부터 서기 400여 년까지 로마의 지배를 받게 됨

▣ 455년 게르만족 이동시 알레만족(Alemanni)은 오늘날 스위스 북부 지역에, 부르군트족(Burgundians)은 서부 지역에, 랑고바르드족(Langobardi; Lombards)은 남부 지역에 정착하여, 현재와 같은 독일어권·프랑스어권·이탈리아어권·로망슈어(레토로만어)권의 언어별 지역 경계가 생김

▣ 6세기에 프랑크 제국의 일부가 된 후 9~12세기 신성로마 제국 통치하에 남북 유럽을 잇는 상업 기반이 점차 형성되기 시작했으며 13세기 신성로마 제국의 몰락 이후 합스부르크(Habsburg) 왕가의 통치를 받으면서 자유도시의 등장과 함께 시민계급이 대두되고 민족 의식이 싹트기 시작함.

▣ **1291년, 슈비츠(Schwyz), 우리(Uri), 그리고 운터발덴(Unterwalden) 세 개의 주들이 합스부르크왕가에 공동 대응하기위해 영구적 동맹 동의서에 서명을 함으로써 '스위스 연방'이 시작됨**

▣ 1353년부터 루체른(Lucerne), 취리히(Zürich), 추크(Zug), 글라루스(Glarus), 베른(Bern)이 스위스 연방에 가담하면서 1481년에 여덟 개의 고대 연합주들을 형성했으며 이후 프라이부르크(Freiburg), 졸로투른(Solothurn), 바젤(Basel), 샤프하우젠(Schaffhausen), 펜젤(Appenzell)이 나중에 합류하여 1513년에는 13개 주가 스위스 연방 안에 독립 주로 들어옴

▣ 1499년 바젤 평화 조약으로 스위스는 신성로마 제국에서 이탈하여 실질적인 정치적 독립을 이룸

▣ 1789년 프랑스 혁명 이후 프랑스는 스위스의 일부 지역을 합병했고 1793년 주교 관할권인 바젤에 속하는 국경 지역 일부를 점령했으며 1797년에 나폴레옹은 그라우뷘덴(Graubünden)의 피지배 지역인 발텔리나(Valtellina)를 치

살피나 공화국(Cisalpine Republic, 현재 이탈리아 북부)에 합병시킴

- ▣ 베른은 프랑스의 침략에 저항해 무장하고 있는 유일한 주였지만 1798년 그라우홀츠(Grauholz) 전투에서 프랑스에 패하면서 점차 구 연방의 끝을 맞이하게 됨
- ▣ 프랑스는 스위스 연방에 존재한 모든 정부와 헌법을 폐지하고 영토를 완전히 재구성했으며 프랑스의 지지를 얻고 있던 스위스 혁명가들은 중앙집중적인 헬베티아(Helvetic) 공화국 헌법의 기초를 만들었고 이는 1798년 채택되어 나폴레옹에 의해 칸톤들을 지휘할 중앙 정부인 헬베티아 공화국이 만들어지게 됨
- ▣ 1815년 스위스는 가톨릭 분리주의 존더분트(스위스의 가톨릭을 믿는 7개 주)가 가톨릭 주들을 중심으로 조직되면서 연방과의 갈등이 일어났고 1847년 존더분트 전쟁에서 연방군이 승리하면서 1848년 '스위스 연방제도'가 형성됨
- ▣ 제2차 세계대전(1939~1945)이 일어났을 때 나치의 세력은 독일, 프랑스, 오스트리아를 모두 점령했고 남쪽의 이탈리아 역시 나치에 동조함으로써 온 유럽 대륙이 나치의 지배 아래 들어갔지만 스위스는 유일하게 나치의 지배가 미치지 않는 영토가 되어 무장 중립 노선을 유지함
- ▣ 현재까지 유지되고 있는 26개의 칸톤은 1979년에 조직된 것으로 스위스는 지금까지도 각 지방 칸톤과 국민이 강한 정치적 독립과 자치권을 유지하고 있음
- ▣ 일반적으로 스위스를 빌렌스나티온(Willensnation)이라고 하는데 이는 여러 민족이 강제 침략이나 정복에 의해 연맹을 형성한 것이 아니라 공동의 이익을 목표로 하나의 연맹을 형성했기 때문임
- ▣ 스위스는 여러 종류의 인종이 각각의 공식 언어와 자체 자치권을 확보하여 어울려 살아가고 있으며 이들은 공동의 역사와 신화, 같은 정치제도(연방제, 강한 국민제도, 중립국)를 가지고 있음

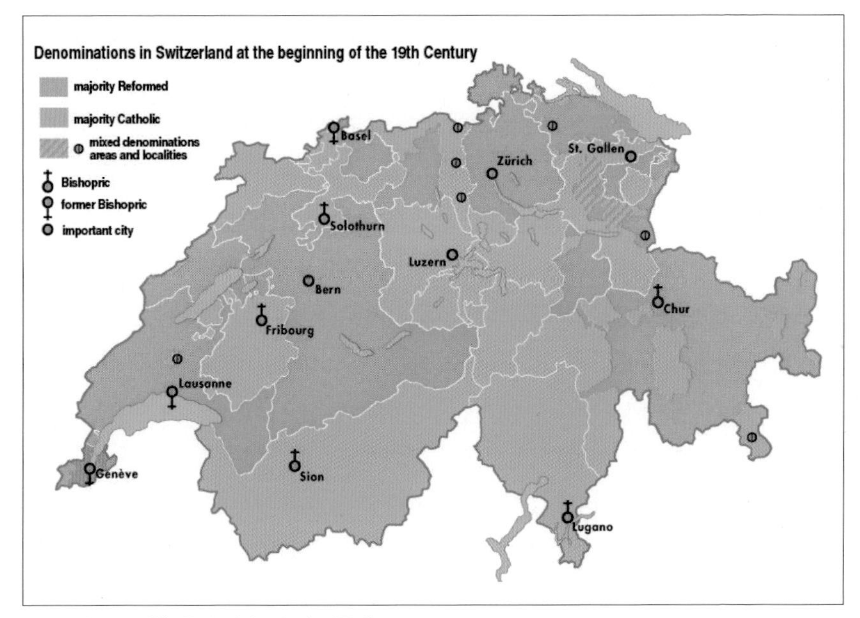


• 1800년 종교 지형(주황색: 개신교, 녹색: 가톨릭)*

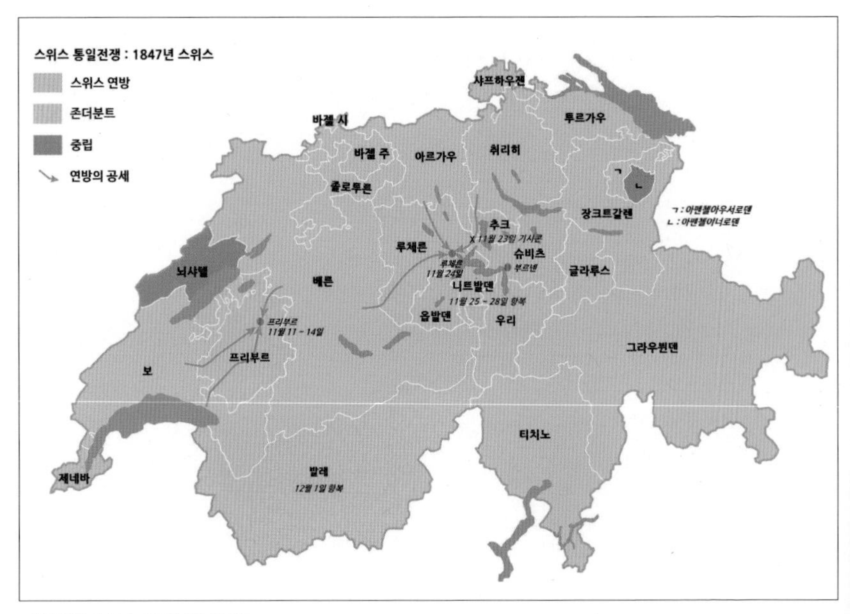


• 1848년 스위스 존더분트 전쟁*

## 2) 스위스 약사

| 연도 | 역사 내용 |
|---|---|
| BC 5세기 | 독일 남부에서 켈트족 헬베티아인이 스위스 중부 고원 지대에 정착 |
| BC 1세기 | 로마 제국의 지배 |
| 9세기 | 프랑크 제국, 부르군디, 이탈리아 지역으로 분리 |
| 10세기 | 신성로마 제국에 의한 통치 |
| 13세기 | 합스브루크(Habsburg) 왕가의 통치, 자유도시의 등장,<br>시민계급 대두 등을 거치며 민족 의식 형성 |
| **1291** | **우리(Uri), 슈비츠(Schwyz), 운터발덴(Unterwalden) 3개 지역 칸톤(Ur-Kantone) 동맹 형성** |
| 1648 | 유럽의 30년 전쟁(1618~1648)을 종결 짓는 베스트팔렌(Westphalian) 조약을 통해 대외적으로 독립국가 인정 |
| **1789** | **프랑스 대혁명 후 스위스를 점령, 헬베티아 공화국 수립** |
| 1812 | 스위스 연방 중립국 선언 |
| 1815 | 나폴레옹 전쟁 이후 비엔나 회의에서 국경과 영토의 중립 확립 |
| 1830 | 프랑스 혁명의 영향으로 공업이 발달한 칸톤은 개신교 전향, 자유·진보 진영의 정권 획득,<br>이에 천주교 세력이 반발하여 분리동맹 결성 |
| **1848** | 새로운 연방헌법을 국민투표로 제정<br>베른을 연방 수도로 정하고 연방정부와 양원제 의회 도입<br>**앙리 뒤푸르 장군이 스위스를 통일함**<br>(스위스가 하나의 통일된 국가가 되도록 중앙정부를 두되 700년이나 된 뿌리 깊은 전통인 각 주〔칸톤〕가 자체 자치권〔세금 등〕을 갖고 공동의 이익을 위해 '스위스'라 는 깃발 아래 한데 모일 수 있다는 내용(외교, 국방, 경제 정책, 규칙만) |
| 1874 | 헌법 개정 실시, 25개 칸톤으로 구성된 연방공화국 설립 선포 |
| 1919~1920 | 베르사유 조약을 통해 영토의 중립 재확인 |
| 1920 | 국제 연맹에 가입, 제네바에 연맹 본부 설립 |
| 1939~1945 | 제2차 세계대전이 발발하자 중립 선언 |
| 1959 | 보(Vaud) 칸톤이 스위스에서 처음으로 여성 투표권 부여 |
| 1979 | 베른(Bern) 칸톤에서 쥐라(Jura)가 분리하여 칸톤을 구성함으로써 26개 칸톤 형성 |
| 1992 | 국민투표에서 스위스의 유럽경제지역(EU 가입 전단계) 가입 부결 |
| 1999 | 최초의 여성 대통령 루트 드라이푸스(Ruth Dreifuss) 당선 |
| 2002 | 국민투표에서 근소한 과반수가 유엔 가입 찬성, 스위스 유엔 공식 가입 |
| 2009 | 경제 불경기, 은행 비밀에 관한 규정 완화, 경제 성장 |
| 2022 | 안보리 비상임이사국(2023~24년 임기)으로 최초 선출 |

## 기욤 앙리 뒤푸르 - 스위스 통일의 주역

### 1) 인물 개요

- Guillaume Henri Dufour(1787~1875). 스위스의 육군 장교, 구조 엔지니어, 지형학자
- 존더분트 전쟁에서 내전을 마감하여 스위스의 통일을 주도한 장군
- 스위스 연방 지형 사무소(Swiss Federal Office of Topography)의 설립자이자 회장

### 2) 일대기

- 1787년 독일의 콘스탄츠에서 태어났으며, 제네바에 있는 학교에서 그림과 의학을 공부함
- 1807년 파리에서 당시 군사학교였던 에콜 폴리테크니크에서 기술 기하학을 공부하고, 1809년 에콜 응용 학교에서 군사 공학을 공부함
- 1810년 영국으로부터 그리스의 섬 코르푸를 방어하는 것을 돕기 위해 파견된 그는 섬의 오래된 요새 지도를 그림
- 1814년 프랑스로 돌아와 대위의 지위에 올랐고, 프랑스의 도시 리옹의 요새를 복구한 공로로 레지옹 도뇌르 훈장을 받음
- 1817년 스위스 시민으로 돌아와 제네바주의 군사 기술자 사령관과 제네바 대학의 수학 교수가 됨
- 1819년부터 1830년까지 주로 그의 노력으로 설립된 툰에 있는 군사학교에서 수석 교관이었음
- 1827년 대령으로 진급한 그는 1831년 참모총장이 되었으며 곧 육군참모총장으로 임명됨
- 1833년 스위스 연방 의회 타크자충은 그에게 스위스의 삼각 측량 시

행 감독을 의뢰했으며, 그는 이미 제네바주의 지적 측량과 1:25,000 크기의 지도 출판을 했음

■ 1847년 스위스 가톨릭 주들이 존더분트라는 연합을 형성하려고 시도함

■ 이에 뒤푸르 장군이 10만 명의 연방군을 이끌고 11월 3일부터 29일까지 지속된 작전에서 존더분트에 맞서 승리함

■ 1847년부터 1859년까지 스위스 장군직을 네 차례 역임함

■ 1863년 전투 부상자들을 돕기 위한 자발적인 치료 단체를 설립하는 것에 대한 뒤낭의 아이디어를 논의하는 위원회의 일원이었음(국제적십자 설립으로 이어짐)

■ 1864년 제1차 제네바 협정에 관한 국제 회의를 주재함

### 3) 업적

#### (1) 뒤프르 맵(Dufour Map)

- 스위스의 첫 공식 지도 시리즈로, 연방과 주 기록을 바탕으로 만들어짐
- 언덕이 많고 산이 많은 지형은 선영으로 표현되어 입체적인 효과를 냄
- 수많은 과학자, 지형학자, 동판 조각가와 긴밀히 협력함
- 1939년까지 갱신됐으며 19세기 현대 스위스의 정착과 경관 개발을 기록함

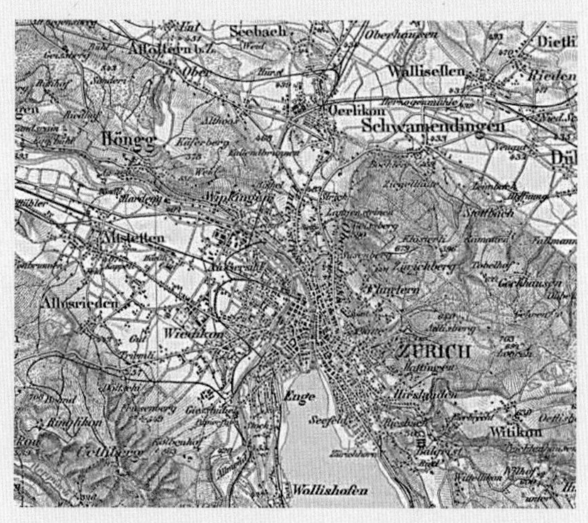

(2) 세인트 앙투안 브리지(Saint Antoine Bridge)

- 스위스 제네바에 위치했으며, 1823년에 마크 세귄, 기욤 앙리 뒤푸르, 마크 아우구스테 픽테가 건설한 현수교 형태의 다리
- 길이는 82m, 너비는 2m, 무게는 8,000kg
- 기욤 앙리 뒤푸르는 와이어 케이블을 사용한 2경간 현수교를 제안함

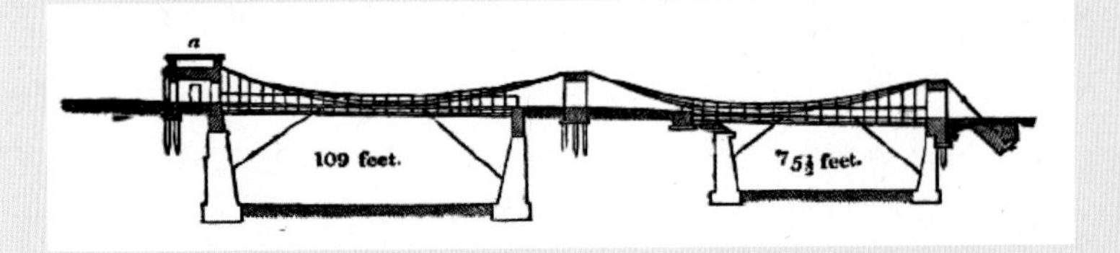


## 빌헬름 텔 – 아들 머리에 사과를 쏜 전설의 영웅

▣ Wilhelm Tell. 14세기 초반 스위스 칸톤 우리(Uri)에 살았다고 전해지는 전설의 영웅

▣ 석궁 명인과 정치적으로 대립하는 지배자가 명인의 꼬투리를 잡으며 그의 가족 머리에 얹은 물건을 과녁 삼아 화살을 쏘게 했고 활의 명인은 정확하게 과녁을 맞춤. 훗날 그 지배자는 활의 명인이 쏜 것으로 여겨지는 의문의 화살을 맞고 최후를 맞는다는 내용

▣ 빌헬름 텔은 독일의 고전적인 문호인 프리드리히 실러의 희곡에 등장한 가상인물이지만 그가 사과를 쏜 날짜가 1307년 11월 18일이라는 것까지 알려져 있는 등 전설의 내용이 상당히 디테일하게 묘사되어 있음

### 1) 빌헬름 텔의 배경

▣ 합스부르크 가문에서 신성로마 제국 황제가 배출됨에 따라 스위스의

자치권은 위축되고 억압적인 통치를 시작하자 스위스는 기나긴 투쟁을 벌이게 됨

■ 1291년 스위스 지역의 2인 대표가 현재의 수도 베른에 모여 자치 보존을 위해 영구동맹을 맺은 것이 스위스 연방의 기원이며 이 동맹에 가담하는 주는 점차 늘게 됨

■ 이러한 투쟁은 20년간 지속되며 이 기간 동안 합스부르크 가문은 스위스에 억압적이고 강압적인 통치를 강행했으며 이 시기에 흔히 아는 빌헬름 텔의 전설이 비롯됨

• 빌헬름 이야기의 장소(왼쪽), 알트도르프와 빌헬름 동상(오른쪽)*

## 2) 빌헬름 텔 이야기

■ 합스부르크가는 스위스 우리(Uri)주의 지배를 강화하면서 우리주의 주민들을 억압했는데, 특히 게슬러 총독이 광장에 있던 보리수 밑에 장대를 꽂아 놓은 다음 자신의 모자를 걸어놓고 지나가는 사람들이 그 모자에 절을 하도록 강요했으나, 활쏘기의 명수였던 윌리엄 텔은 모자에 절을 하지 않았기 때문에 총독의 노여움을 사게 됨

▣ 1307년 총독 게슬러는 윌리엄 텔에게 아들의 머리에 사과를 놓고 그것을 활로 쏘라는 명령을 내리는데, 그는 아들의 머리 위에 올려져 있던 사과를 화살로 쏴서 명중시켰지만 실패했을 경우 게슬러의 심장을 쏘기 위해 준비했던 화살이 발각되면서 체포됨

▣ 성으로 끌려간 윌리엄 텔은 배를 타고 호수를 건너던 도중에 폭풍을 만났지만 배를 다루는 데 능숙한 그는 배를 몰다 몰래 육지로 탈출하는 데 성공하고 그 후, 윌리엄 텔은 게슬러를 화살로 사살하면서 주민들 사이에서 영웅으로 여겨지게 된다는 것

▣ 요한 볼프강 폰 괴테는 1775년과 1795년 사이에 스위스를 여행하면서 윌리엄 텔의 전설을 듣게 되는데, 괴테는 추디가 쓴 연대기를 가져와 친구인 프리드리히 실러에게 희곡을 쓸 아이디어를 주게 됨. 실러는 이 아이디어를 바탕으로 희곡 〈빌헬름 텔〉을 쓰고, 1804년 3월 17일에 바이마르에서 초연함

▣ 조아키노 로시니는 실러의 희곡에 기반해서 1829년에 오페라 〈빌헬름 텔〉을 작곡했는데, 이 오페라에 쓰인 빌헬름 텔 서곡은 로시니의 대표작으로 널리 알려져 있음

출처: www.newsjesus.net

## 4. 스위스 행정구역

▣ 스위스 연방은 20개의 주(Canton)와 6개의 반주(半州, HalbCanton)로 구성되어 있으며 모든 칸톤에는 자체의 법, 지방의회, 지방법원이 있음

▣ 면적이 가장 넓은 칸톤은 베른으로 5,959km²이고 가장 작은 곳은 바젤시 칸톤으로 37km²이며, 언어로는 독일어를 사용하는 칸톤이 3분의 2 이상을 차지하고 있음

▣ 각 지방 칸톤과 국민이 강한 정치적 독립과 자치권을 유지하고 있으며, 국민들의 정치적 권한이 강하게 유지되는 직접 민주주의 형태를 유지하고 있음

▣ 주와 반주(半州)의 정치적 독립성은 양측간에 커다란 차이가 없으나 단지 연방의회 대표 수에 있어서 차이가 남

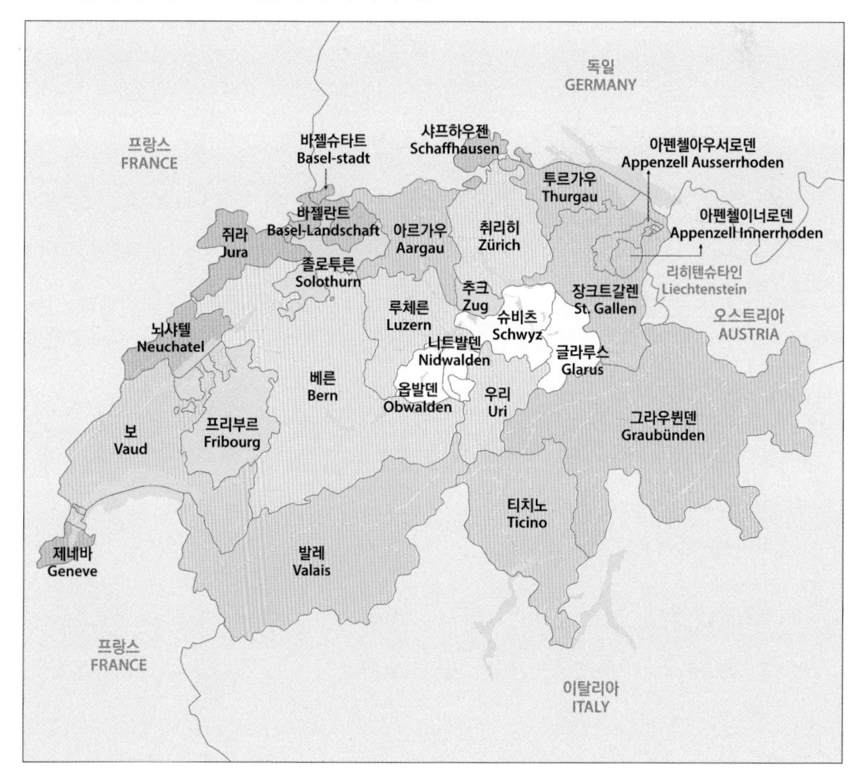

**▪ 스위스 26개 주 현황(2023년 기준)**

| 구분 | 칸톤명 | 수도 | 면적(km²) | 인구(명) |
|---|---|---|---|---|
| 1 | 취리히(Zürich) | 취리히 | 1,729 | 1,575,902 |
| 2 | 베른(Bern) | 베른 | 5,959 | 1,050,229 |
| 3 | 루체른(Luzern) | 루체른 | 1,493 | 423,700 |
| 4 | 우리(Uri) | 알트도르프 | 1,077 | 37,262 |
| 5 | 슈비츠(Schwyz) | 슈비츠 | 908 | 163,882 |
| 6 | 옵발덴(Obwalden)* | 자르넨 | 491 | 38,523 |
| 7 | 니트발덴(Nidwalden)* | 슈탄스 | 276 | 44,101 |
| 8 | 글라루스(Glarus) | 글라루스 | 685 | 41,448 |
| 9 | 추크(Zug) | 추크 | 239 | 130,151 |
| 10 | 프리부르(Freiburg) | 프리부르 | 1,671 | 332,636 |
| 11 | 졸로투른(Solothurn) | 솔로투른 | 791 | 281,919 |
| 12 | 바젤슈타트(Basel-Stadt)* | 바젤 | 37 | 196,612 |
| 13 | 바젤란트(Basel-Landschaft)* | 리스탈 | 518 | 293,921 |
| 14 | 샤프하우젠(Schaffhausen) | 샤프하우젠 | 298 | 84,851 |
| 15 | 아펜첼아우서로덴주<br>(Appenzell Ausserrhoden)* | 헤리사우 | 243 | 55,629 |
| 16 | 아펜첼이너로덴<br>(Appenzell Innerrhoden)* | 아펜첼 | 173 | 16,365 |
| 17 | 장크트갈렌(St. Gallen) | 장크트갈렌 | 2,026 | 524,991 |
| 18 | 그라우뷘덴(Graubünden) | 쿠어 | 7,105 | 201,665 |
| 19 | 아르가우(Aargau) | 아라우 | 1,404 | 708,478 |
| 20 | 투르가우(Thurgau) | 프라우엔펠트 | 991 | 288,581 |
| 21 | 티치노(Ticino) | 벨린초나 | 2,812 | 353,675 |
| 22 | 보(Vaud) | 로잔 | 3,212 | 826,380 |
| 23 | 발레(Valais) | 시옹 | 5,224 | 355,571 |
| 24 | 뇌샤텔(Neuchâtel) | 뇌샤텔 | 803 | 176,441 |
| 25 | 제네바(Genève) | 제네바 | 282 | 512,932 |
| 26 | 쥐라(Jura) | 들레몽 | 838 | 73,881 |

• 반주(半州)

출처: 주스위스 대한민국 대사관

## 5. 지리적 특징

▣ 스위스는 유럽 중남부에 있는 내륙 국가로 동쪽으로는 오스트리아와 리히텐슈타인, 남쪽으로는 이탈리아, 서쪽으로는 프랑스, 북쪽으로는 독일과 맞닿아 있음

▣ 스위스는 지리적으로 국토의 75%가 산과 호수이며 60%는 알프스산맥으로 덮여 있는 산악 지형이며, 스위스 북서쪽에는 낮은 쥐라(Jura)산맥이 목초지나 숲으로 펼쳐져 있으며, 중앙에는 미텔란트(Mittelland)라는 고원지대가 펼쳐짐

▣ 알프스산맥 정상에서 흐르는 물은 깊은 계곡과 호수(레만호, 뉘샤텔호, 보덴호 등)를 형성하고 있으며 고지대에서는 연간 6~7개월 적설이 있고 2,500m 이상의 설선은 빙설원 또는 빙하지대이며 알레치(Aletsch) 빙하의 길이는 23km이고, 면적은 82km²로 유럽에서 가장 큼

▣ 스위스는 유럽의 중심부에 있는 요충지로서 한반도와 마찬가지로 끊임없이 주변 강국들의 위협에 시달려 옴

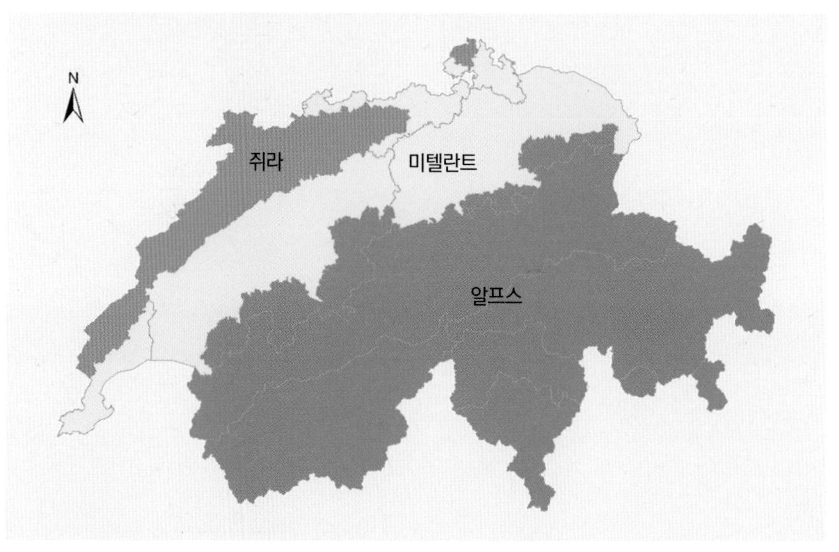


• 스위스의 3대 지역(쥐라, 미텔란트, 알프스)*

※ 알프스산맥

- 알프스산맥(프랑스어: Alpes, 이탈리아어: Alpi, 독일어: Alpen, 슬로베니아어: Alpe, 영어: Alps)은 면적 3만 5,000km²의 중부 유럽에 있는 산맥으로, 서쪽에서부터 프랑스, 이탈리아, 스위스, 독일, 리히텐슈타인, 오스트리아와 슬로베니아까지 7개국에 걸쳐 동서로 1,200km 뻗어 있음
- Alps의 어원은 라틴어인 albus(white)로 만년설로 덮인 백색의 산맥을 표현한 것으로 추측되며, 4,000m 이상의 58개 봉우리 중 최고봉은 몽블랑(Mont Blanc)임
- 알프스 3대 미봉은 프랑스와 스위스의 국경을 이루는 몽블랑(4,810m), 스위스의 융프라우(4,158m), 이탈리아와 스위스의 국경을 이루는 마테호른(4,478m)을 지칭하며 3대 미봉은 제각기 세계적으로 유명하고 난이도가 높은 등반 루트를 갖고 있음
- 알프스 횡단철도는 1872년에 건설이 시작되어 10년 뒤 1882년 개통되었으며 이를 시작으로 스위스의 철도 노선은 급속도로 늘어나기 시작하여 지금까지 170년 이상의 철도 역사를 이어 오고 있음

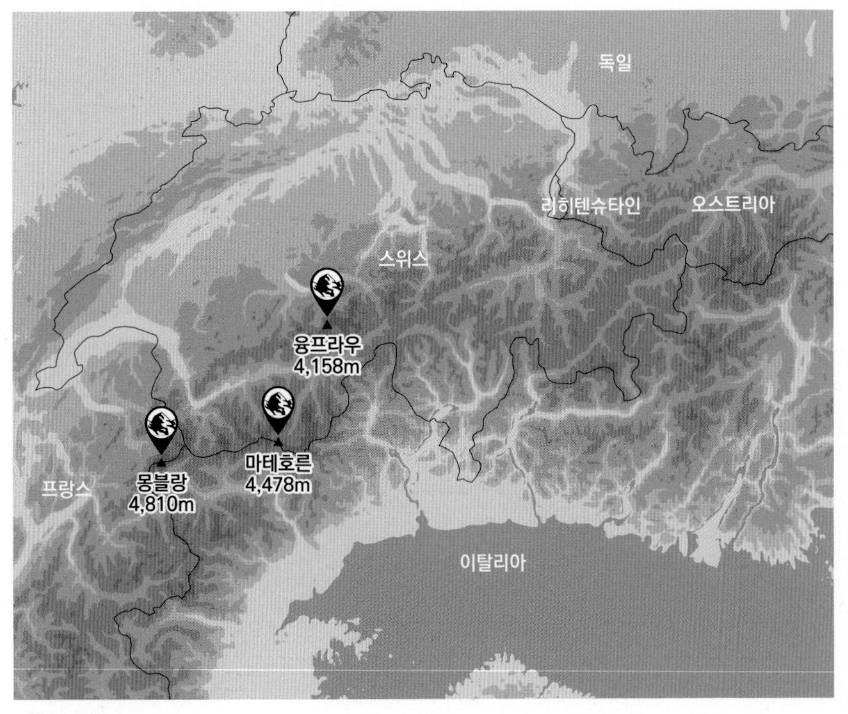


• 알프스산맥

### 1) 지질학적 기원

- 알프스산맥은 원래는 해저 지면이었으나, 약 7,000만 년 전 아프리카판과 유라시아판이 충돌하여 융기된 지형임
- 해저 지면이 융기한 후, 그 위에 편마암과 화강암, 편암층이 겹쳐졌으며, 빙하기를 거치면서 U자 모양의 계곡과 호수들을 형성했고 1,200개의 빙하들은 유럽 대륙의 주요 하천들의 원류가 됨

### 2) 역사

- 구석기 시대부터 방랑 생활을 하는 사냥꾼들이 알프스 고지대로 진출했으나, 로마인 및 켈트인들은 자신들의 지배력과 상업을 확충시키기 위해 고지대에 길을 개척했고, 이 길은 현재까지도 이용되고 있음
- 1700년대까지 알프스의 고봉들은 용과 악마들의 거처로 여겨져 왔으며, 기록에 의하면 루체른(Lucerne)시 정부는 필라투스(Pilatus)산의 통행 및 등반을 법으로 금지했음
- 19세기 낭만주의의 알프스 찬미는 알프스 정복욕을 자극했으며, 이로 인해 프랑스인 미셸-가브리엘 파카드와 자크 발마가 1786년 몽블랑을 등정했음
- 이후 영국인들의 등산로 개척이 이어져 1865년 에드워드 윔퍼는 마테호른을 정복했고, 1922년에 아놀드 런은 뮈렌(Murren)에서 스키 회전 활강 경기를 개최했음

### 3) 알프스 주요 고개 및 터널

- 알프스산맥의 중요한 고개와 터널들은 유럽 내 교통과 물류의 핵심적인 역할을 하고 있으며 다양한 국가들을 연결하는 중요한 교통 경로임

## (1) 주요 고개

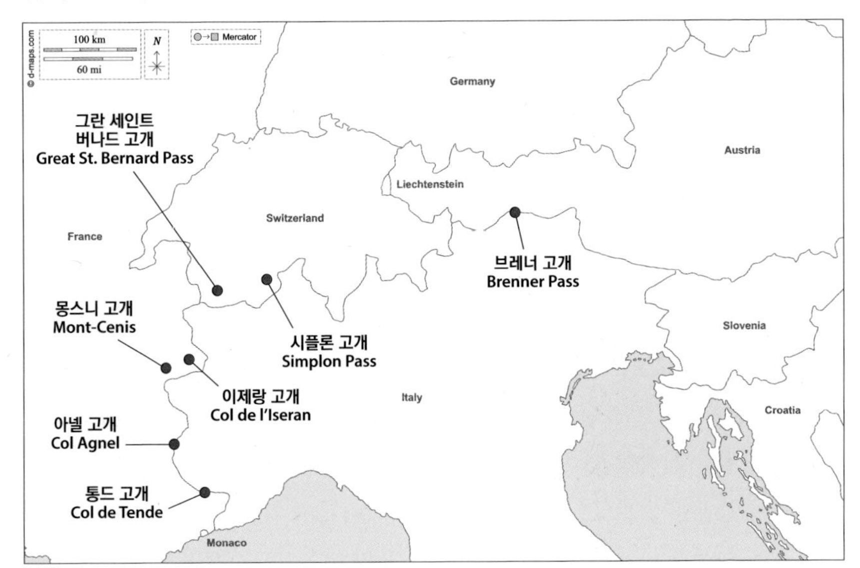


• 알프스 주요 고개 지도

출처: d-maps.com

| 구분 | 내용 |
| --- | --- |
| 1. 그란 세인트 버나드 고개 (Great St. Bernard Pass) | 위치: 스위스와 이탈리아 사이<br>고도: 약 2,469m<br>특징:<br>- 로마 시대부터 사용된 고개로 중세 유럽의 주요 통행로 중 하나였음<br>- 나폴레옹이 1800년에 4만 명의 군대를 거느리고 넘어간 고개임<br>- 신고전주의 화가 자크 루이 다비드의 〈생베르나르 고개의 나폴레옹(Napoleon at the Saint-Bernard Pass)〉 작품의 배경임 |
| 2. 브레너 고개 (Brenner Pass) | 위치: 오스트리아와 이탈리아 사이<br>고도: 약 1,370m<br>특징:<br>- 이탈리아-오스트리아 국경을 가로지르는 고개로 유럽에서 가장 낮은 알프스 주요 고개 중 하나임<br>- 14세기부터 주요 교통 및 무역 경로로 이용됨 |

| 구분 | 내용 |
| --- | --- |
| 3. 시플론 고개 (Simplon Pass) | 위치: 스위스와 이탈리아 사이<br>고도: 약 2,005m<br>특징:<br>- 알프스산맥을 관통하는 약 20km 길이의 철도 터널로 1898년에 착공하여 이탈리아 왕 비토리오 에마누엘레 3세와 스위스 연방 의회 의장 루드비히 포러에 의해 1906년에 개통됨<br>- 스위스 브리크와 이탈리아 도모도솔라를 연결하며 2016년 고트하르트 베이스 터널이 개통되기 전까지 110년 동안 가장 낮은 알프스 직교 터널이었음 |
| 4. 몽스니 고개 (Mont-Cenis) | 위치: 프랑스와 이탈리아 국경<br>고도: 2,083m<br>주요 특징:<br>- 프랑스와 이탈리아 사이의 주요 상업과 군사 도로로 이탈리아 반도로 가는 길에 많은 군대가 건넘<br>- 콘스탄티누스 1세, 피피누스 3세 브레비스, 샤를마뉴 대제에서 하인리히 4세, 나폴레옹, 제2차 세계 대전 중 독일 산악엽병에 이르기까지 다양한 인물과 단체가 이 길을 이용함<br>- 1871년 알프스산맥을 관통하는 최초의 철도선과 1980년에 개통된 프레주스 고속도로 터널로 대체됨 |
| 5. 이제랑 고개 (Col de l'Iseran) | 위치: 이탈리아 국경 근처<br>고도: 2,764m<br>특징: 프랑스 사부아에 있는 알프스에서 가장 높은 고개임 |
| 6. 아넬 고개 (Col Agnel) | 위치: 프랑스와 이탈리아<br>고도: 2,744m<br>특징:<br>- 몬테 비소(Monte Viso, 3841m) 서쪽에 위치해 있으며 코티안 알프스(Cottian Alps) 산지에 속함<br>- 고대 로마시대 2차 포에니 전쟁 때 카르타고의 유명한 장군인 한니발이 코끼리 부대를 이 끌고 로마로 공격했다고 전해지는 곳임 |
| 7. 통드 고개 (Col de Tende) | 위치: 프랑스와 이탈리아<br>고도: 1,871m<br>특징: 상인, 순례자, 군대 등이 수세기 동안 알프스를 통과해 온 전략적인 통행로임 |

## (2) 주요 터널

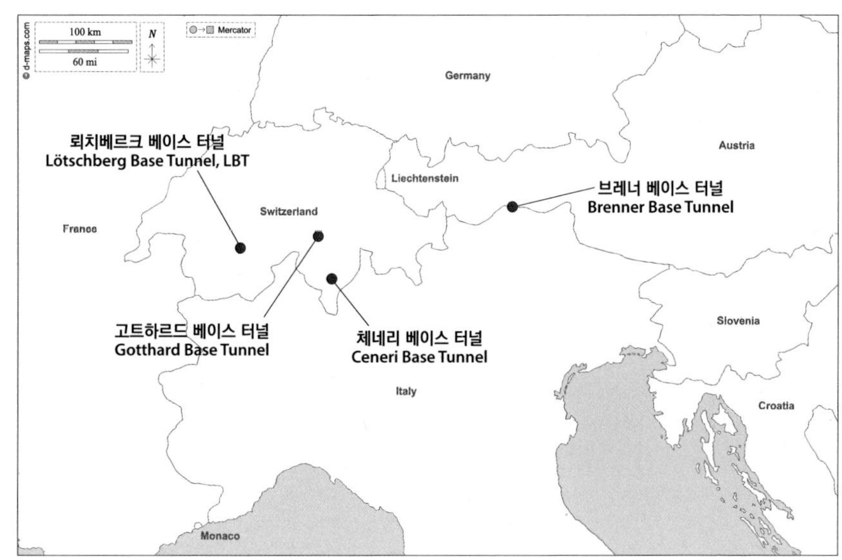


• 알프스 주요 터널 지도

출처: d-maps.com

| 구분 | 내용 |
|---|---|
| 1. 고트하르트 베이스 터널 (Gotthard Base Tunnel) | 위치: 스위스 중남부 에르스트펠트와 보디오<br>개통: 2016년<br>길이: 57.1km<br>특징:<br>- 우리주(Uri canton) 에르스트펠트와 남부 티치노주의 보디오를 관통하는 세계 최장 기차 터널이자 땅 밑으로 가장 깊은 터널임<br>- 스위스 엔지니어 칼 에두아르트 그루너가 1947년 '고트하르트 패스'라는 이름으로 처음 디자인했으나 행정적 지연 및 비용 등의 우려로 첫 공사가 1999년 시작되었으며 완공까지 약 14조 6,000억 원이 투입됨<br>- 전력 및 자동화 기술 선도기업 ABB(Asea Brown Boveri)는 '고트하르트 2016' 프로젝트의 주요 파트너 기업으로 세계에서 가장 긴 철도 터널 건설에 참여함<br>- 열차는 250km 속도로 알프스산맥을 17분 만에 통과할 수 있음 |

| 구분 | 내용 |
|---|---|
| 2. 뢰치베르크 베이스 터널(Lötschberg Base Tunnel, LBT) | 위치: 스위스 베른 알프스<br>개통: 2007년<br>길이: 34.5km<br>특징:<br>- NRLA 프로젝트(알프스를 통과하는 새로운 철도 연결)의 두 중심 요소 중 하나로 1999년 착공하여 2007년 공식 개통된 터널로서 스위스 수도 베른에서 알프스산맥 밑을 지나 남쪽의 브리그시로 연결되며 전장이 34.5km에 이르는 세계 최장 육상 터널임<br>- 공사 중 파낸 흙의 양만 총 1,600만t, 공사 비용은 53억 프랑(43억 달러)에 달했으 며 독일에서 이탈리아까지 걸리는 시간이 2시간 이내로 단축되어 매일 72편의 화물열차와 42편의 여객열차가 최대 시속 250km로 터널을 통과하게 됨<br>- 뢰취베르크 베이스 터널의 두 번째 튜브의 전체 또는 부분 완공 여부는 2024년에 결정될 것으로 예상 |
| 3. 체네리 베이스 터널(Ceneri Base Tunnel) | 위치: 스위스 티치노주<br>개통: 2020년<br>길이: 약 15.4km<br>목적: 주로 승객 및 화물 열차의 이동 시간을 줄이기 위해 설계됨<br>특징:<br>- 스위스의 중요한 철도 터널 프로젝트인 NRLA(새 알프스 철도 횡단) 프로그램의 일부로 루가노(Lugano)와 벨린존라(Bellinzona) 사이에 건설함<br>- 3개의 NEAT 베이스 터널 중 가장 짧은 터널로 티치노주 북쪽 카모리노(Camorino)와 남쪽의 베치아(Vezia)를 연결함<br>- 2001년 스위스 연방 위원회의 승인으로 건설이 시작되어 2020년 12월, 화물을 위한 운영을 먼저 시작했으며 완공까지 총 약 25억 8,000만 달러가 투입됨 |
| 4. 브레너 베이스 터널(Brenner Base Tunnel) | 위치: 오스트리아와 이탈리아 사이<br>예정 완공 연도: 2032년<br>예정 길이: 약 55km<br>목적: 알프스 횡단 철도 운송의 효율성을 높이고, 도로 위의 화물 운송 부담을 줄이기 위해 건설 중<br>특징:<br>- 오스트리아 티롤주 인스브루크(Innsbruck) 일대와 이탈리아 트렌티노알토아디제 포르테자(Fortezza)를 연결하는 터널임<br>- 개통 시 스위스의 고트하르트 베이스 터널을 뛰어넘어 지하철, 물자 수송용 터널을 제외한 교통 목적 터널 중 세계 최장 터널이란 타이틀을 가져오게 됨 |

※ NRLA(알프스 통과 신규 철도 연결) 프로젝트

- NRLA(독일어: Neue Eisenbahn-Alpentransversale)는 스위스 알프스를 가로지르는 남북 철도 연결을 위한 스위스 건설 프로젝트로 기존 정점 터널에서 수백 미터 아래에 있는 3개의 새로운 베이스 터널(57km 길이의 고트하르트 베이스 터널, 35km 길이의 뢰치베르크 베이스 터널, 15km 길이의 체네리 베이스 터널)을 건설하고자 함

## 6. 스위스 종교개혁

### 1) 스위스 종교개혁

#### (1) 개요

▣ 종교개혁은 16세기 전반, 유럽의 로마, 가톨릭 교계 내부에서 일어난 신학, 교의, 전례, 교회 체제 전반에 걸친 변혁 운동으로 인문주의자들을 중심으로 가톨릭 교회의 부패와 성직자의 타락을 비판하면서 비롯됨

▣ 정의

- 원시 그리스도교 회복 운동(오도되고 변질된 신학과 교회로부터 성경 본래의 기독교로의 회복 운동)
- 16세기 서유럽이 새로운 변화를 겪으면서 발생한 정치적, 사회적 이해 관계 속에서 진행된 교회 내부 운동으로 1517년 로마가톨릭 교회의 그릇된 가르침에 반대한 로마가톨릭 교회의 수도사 마르틴 루터(Martin Luther)가 비텐베르크 성당 정문에 95개의 반박문을 게시한 것을 기준으로 봄
- 울리히 츠빙글리, 마르틴 루터, 장 칼뱅이 16세기 종교개혁의 3인방

▣ 배경

① 중세 교회의 부패

- 성 베드로 대성당 건축 기금을 위한 면죄부 판매
- 성직자들의 성적인 부패(부적절한 사실혼 관계)
- '겸직제도'와 '부재직임제'가 정당시되고 합법화되어 사치와 탐욕 가중
- 성직 교육의 부재와 성직자의 양산

② 르네상스 인문주의의 확산

- 헬라 문화와 철학에서 인간의 본질을 찾고자 하는 노력
- 성경을 히브리어와 헬라어 원전으로 읽으려는 운동
- 인문주의 운동은 인간에 대한 연구의 길을 열고 성경에 대한 연구를 고양시킴

③ 사회 구조의 변화와 교황권의 쇠퇴

- 십자군 전쟁 이후 봉건제도의 붕괴와 함께 중산층과 자본주의 형성

- 산업이 발전하고 새로운 형태의 경제 구조가 등장
- 교황의 아비뇽 유수와 교회의 대분열은 교황권에 큰 손상

## (2) 종교개혁 약사

| 연도 | 역사 내용 |
|---|---|
| 1414 | 로마 가톨릭 교회에서 콘스탄츠 공의회-종교 회의를 개최 |
| 1517 | 루터가 비텐베르크에서 95개 논제 게시 |
| 1519 | 취리히 교회에서 츠빙글리 개혁 실행 |
| 1520 | 루터가 파문당하고 교황의 교서를 불태움 |
| 1521 | 루터가 보름스 의회에서 황제에게 항거하고 프리드리히 현명공이 바르트부르크로 루터를 피신시킴 |
| 1522 | 루터의 신약성서 번역, 츠빙글리의 사순절 소시지 사건 발생 |
| 1523 | 아우구스티누스회 수사 두 명이 브뤼셀에서 화형당함(종교개혁의 첫 순교자) |
| 1524~1525 | 독일 농민 전쟁과 루터의 좌절 |
| 1527 | 개혁가들이 취리히에서 재세례파를 처음 처형함 |
| 1529 | 슈파이어 제국의회의 결정에 항의한 이들에게 프로테스탄트라는 이름이 붙음<br>스위스에서 최초의 종교 전쟁이 발발함 |
| 1530 | 루터교 신앙을 진술한 아우크스부르크 신앙고백 작성 |
| 1531 | 카를 5세에 맞서 루터와 슈말칼덴 동맹을 결성함<br>제2차 스위스 종교 전쟁에서 츠빙글리 사망 |
| 1534 | 칼뱅의 도피(프랑스→스위스 바젤) |
| 1536 | 칼뱅의 《기독교 강요》 초판 발행, 제네바에서 칼뱅주의 종교개혁 시작 |
| 1545~1547 | 트리엔트 공의회 제1차 회기 |
| 1546 | 루터 사망 |
| 1547 | 슈말칼덴 전쟁 발발, 뮐베르크에서 루터파 제후들 패배 |
| 1548 | 아우크스부르크 잠정 협약이 체결되자 신성로마 제국에서 가톨릭교 재차 강요 |
| 1551~1552 | 트리엔트 공의회 제2차 회기 |
| 1553 | 제네바에서 세르베투스가 화형당함 |
| 1555 | 아우크스부르크 종교화의 |
| 1562~1563 | 트리엔트 공의회 제3차 회기 |
| 1563 | 독일 팔츠에서 프리드리히 3세가 칼뱅주의를 국교로 확립함 |
| 1564 | 칼뱅 사망 |

• 마르틴 루터(왼쪽), 95개조 반박문(오른쪽)*

※ 십자군 전쟁(Crusadesm A.D. 1096년~A.D.1270년)

- 중세 유럽 사회의 붕괴를 촉진시킨 전쟁으로 교황 우르바누스 2세의 호소에 의해 예루살렘 성지 회복을 목표로 하는 종교적 열정에서 비롯됨. 하지만 점차 세속적인 목적으로 변질되며 실패로 끝났고 십자군 전쟁을 주도했던 교황의 권위는 크게 실추됨
- 이는 국왕의 권한 강화 및 중앙 집권화의 계기가 되었고 국왕과 제후들은 교회가 소유한 재산에 대한 소유 욕구만 계속해서 증가함

• 루터파와 칼뱅파 개혁운동 출처: 나무위키

### (3) 스위스 종교개혁 주요 인물: 츠빙글리와 칼뱅

- 스위스에서는 루터가 활동한 비슷한 시기에 울리히 츠빙글리(Ulrich Zwingli, 1484~1531)가 용병 제도의 참혹함을 깨닫고 개혁 운동을 일으킴
- 에라스무스 사상에 크게 영향을 받은 츠빙글리는 스위스 북부 여러 지역에 개혁 교회를 세웠으나 카톨릭교의 세력이 강한 중부 지방에서 그를 반대하여 1529년 양 세력 사이에 전쟁(카펠 전쟁, Kappel Wars)이 일어남
- 츠빙글리는 이 전쟁 중에 전사했으며 이후 개혁 교회의 세력은 침체되었음. 장 칼뱅(Jean Calvin, 1509~1564)에 의해 다시 스위스 개혁 운동이 수행됨
- 스위스 제네바에서 목회를 하던 장 칼뱅은 종교개혁 2세대 인물로서 그의 종교개혁은 단순히 신학적인 개혁을 넘어서서 삶의 변화와 사회개혁으로까지 이어짐
- 그는 특히 사회복지 사역들을 통해 빈민 구제에 힘썼고, 프랑스 기금을 조성해 신앙의 자유를 찾아 제네바로 온 피난민들을 도왔으며, 제네바 아카데미를 통해 다음 세대를 믿음으로 세우기 위해 애씀

## 울리히 츠빙글리 - 스위스 종교개혁을 이끈 지도자 1

### 1) 인물 개요

- ▣ 1519년 1월 1일 스위스 취리히에서 종교개혁의 포문을 연 종교개혁가
- ▣ 루터와 함께 1세대 종교개혁가로 분류
- ▣ 예수 그리스도가 유일한 구원자임을 설교, 성경만이 믿음의 유일한 법칙으로서 신앙에서 최고의 권위를 갖는다고 선포

### 2) 일대기

- ▣ 1484년 스위스의 토겐부르크에 있는 작은 산지 마을인 빌트하우스에서 태어남
- ▣ 1498년부터 1506년까지 대학에서 신학을 공부하며 에라스무스의 인문학적인 방법론에 심취함
- ▣ 글라루스에서 사제가 된 그는 1513년 교황 레오 10세의 용병에 참여함
- ▣ 1516년 용병 제도의 폐지를 주장하다가 글라루스 사제직에서 쫓겨남
- ▣ 1519년 취리히에서 마태복음을 설교함으로써 스위스 종교개혁을 시작함
- ▣ 1522년 취리히 시의회는 사제직을 사임한 츠빙글리를 도시 전체를 위한 설교자로 세움
- ▣ 1523년 1월 소시지 게이트 사건을 시작으로 츠빙글리를 공격하는 여러 가지 소문들이 퍼져 나가자 1523년 취리히 시의회에서 열린 로마 카톨릭 교회와의 토론회에서 츠빙글리는 67개 조문을 발표

※ 소시지 게이트 사건

- 1522년 고기를 먹지 않아야 하는 사순절에 츠빙글리의 열두 친구들이 소시지를 먹었고 츠빙글리는 친구들을 변호하기 위해 사순절은 하나님을 예배하는 것에 인간의 명령을 덧붙인 관습일 뿐이며 불필요한 것이라고 말함

▣ 1523년 10월 두 번째 취리히 공청회에서 로마 교회의 대해서 적그리스도적이라고 공격함

▣ 1523년 11월 시의회의 지시에 따라서 《짧은 기독교 지침서》를 출판함

▣ 1531년 카펠 전투에서 전사함

### 3) 업적

#### (1) 용병 제도의 폐지

- 마리그나노 전투에서 용병 제도의 심각성을 인식하고 폐지를 주장함
- 용병 제도를 신랄하게 공격한 결과 취리히시는 용병을 금지함

#### (2) 《짧은 기독교 지침서》

- 개혁주의 신학의 핵심을 미사와 성화와 관련된 종교개혁의 기본으로 서술함
- 목사들이 먼저 훈련받고 일반 성도들을 가르치며 점진적인 개혁을 이루어 냄

#### (3) 교회 문제 및 예배 형식에 대한 개혁

- 취리히 교회에서는 점차적으로 오르간 음악과 노래가 예배에서 사라짐
- 성례에서 사용되는 금속 접시와 컵은 나무 도구들로 교체됨

## 장 칼뱅 - 스위스 종교개혁을 이끈 지도자 2

### 1) 인물 개요

- ▣ 개신교 신학의 기틀을 다진 프랑스 출신의 종교개혁가
- ▣ 개신교 복음주의 운동에 영향을 미치고 있는 성스러운 공동체의 개념 발전
- ▣ 칼뱅주의를 개창함으로써 루터와 츠빙글리가 시작한 16세기 종교개혁 완성

### 2) 일대기

- ▣ 1509년 프랑스 북부 피카르디 지방의 노용에서 태어남
- ▣ 1523년 파리의 몽테귀 대학에서 예술 및 철학을 공부함
- ▣ 1528년 아버지의 권유로 오를레앙 대학교로 옮겨 법학을 공부함
- ▣ 1532년 세네카의 《관용론》을 주석하여 출판해 인문주의 학자로서의 명성을 확립함
- ▣ 1533년 교회 개혁의 필요성을 역설한 니콜라스 콥의 연설문을 작성했으며 이는 프랑스 종교개혁의 시발점이 됨
- ▣ 1534년 공식적으로 로마 교회와 결별하고 프랑스 복음주의 개혁가들과 연대함
- ▣ 1536년 《기독교 강요(綱要)》 초판이 출판되고 시민들이 타락된 삶을 살다가 성만찬에 참여하는 모습을 보고 교정하려 했으나 시민들이 분노
- ▣ 1538년 개혁 속도에 관해 논란이 일어 파렐과 함께 제네바에서 추방당하며 스트라스부르에 머무름
- ▣ 1539년 칼뱅이 제네바를 떠난 이후 종교개혁을 주도할 지지자가 없자 프랑스 주교 파렐은(Guillaume Farel, 1489~1565) 칼뱅에게 제네바로 돌

아와서 개혁을 이끌어 줄 것을 요청함

▣ 1541년 소위원회의 요청으로 제네바로 돌아와 파렐의 복음주의 개혁을 재개함

▣ 1548년부터 1555년까지 복음 개혁의 본질과 속도를 놓고 제네바 시의회와 줄다리기를 함

▣ 1555년 종교 박해를 피해 위그노들이 제네바로 대거 이주했으며 이는 도시에서 칼뱅의 힘을 크게 강화시킴

▣ 1559년《기독교 강요》최종판이 출판됨

▣ 1564년 제네바에서 사망함

### 3) 업적

#### (1)《기독교 강요》초판 출간

- 중세 교회의 부패를 개혁하기 위해 기독교의 핵심 교리를 조직적이고 체계 있게 정리한 저서
- 경건한 하나님의 사람들로 하여금 성경을 바로 이해할 수 있도록 돕기 위함

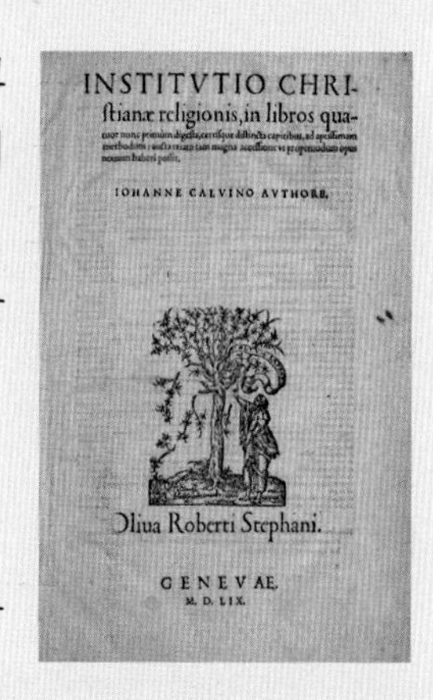
INSTITVTIO CHRI-
ſtianæ religionis, in libros qua-

IOHANNE CALVINO AVTHORE.

Oliua Roberti Stephani.

GENEVAE.
M. D. LIX.

#### (2) 칼뱅주의 정립

- 하나님의 주권과 성경의 권위를 강조하는 기독교의 사상
- 주요 견해는 5대 강령(전적 타락, 무조건적 선택, 제한적 속죄, 불가항력적 은혜, 성도의 견인)으로 요약됨

## 7. 경제적 특징

### 1) 주요 개요

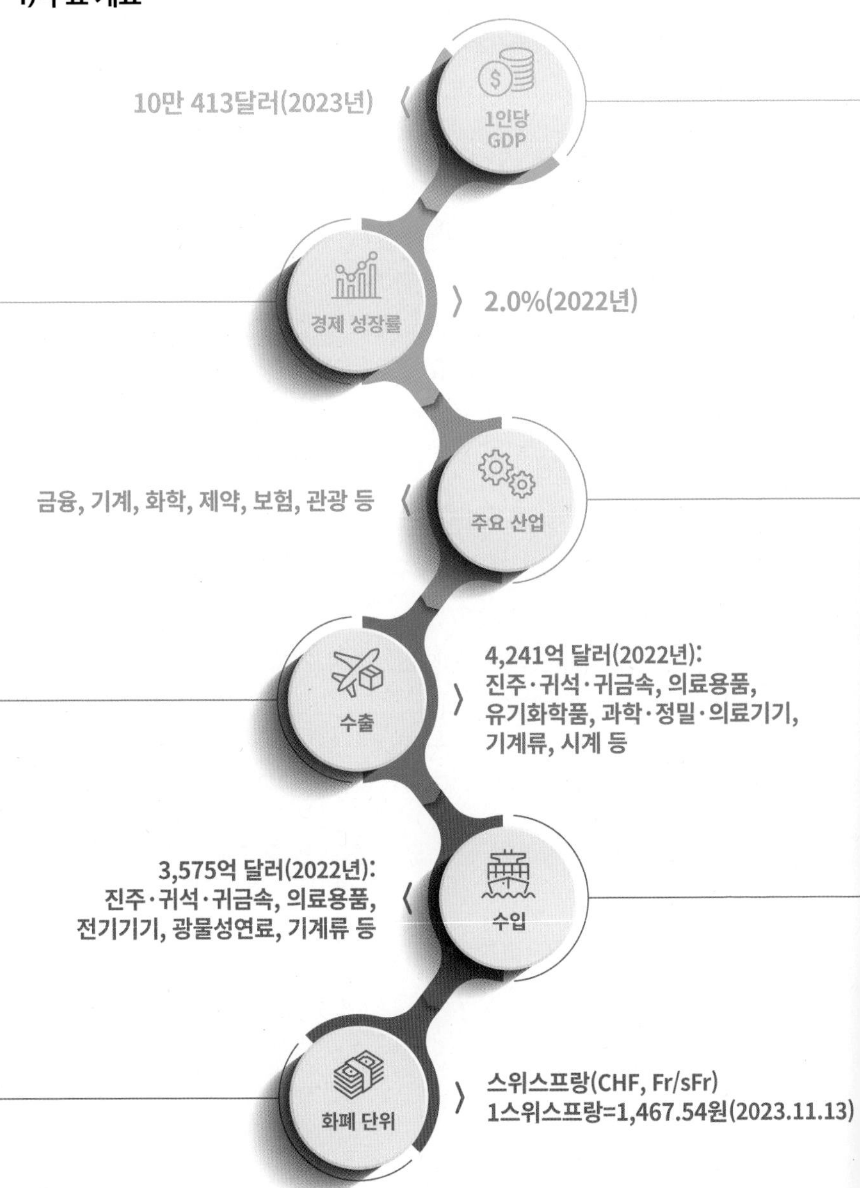

### 2) 주요 산업

▣ 대한민국과 같이 천연자원의 부족으로 원자재를 수입하여 우수한 기술력을 통해 고부가가치 제품을 생산, 수출하는 기술 산업 중심의 경제 체제임. 따라서 무역 의존도가 GDP 대비 131%를 상회할 정도로 고부가가치 상품 수출에 주력함

▣ 화학·제약 산업, 기계·전자·금속 산업, 시계 산업은 스위스 3대 산업으로 스위스의 경제 성장의 근간이 되었을 뿐만 아니라 주요 수출 산업이기도 함

▣ 이 외에도 금융업 및 관광업 등이 스위스 GDP의 중요한 비중을 차지하고 있음

#### (1) 화학 및 제약 산업

▣ 스위스 최대 제조업이자 스위스 수출 주력 산업으로 스위스 수출 비중의 50%를 차지하는 산업으로 총 GDP의 6% 이상을 차지하며 전체 매출은 약 142조 원의 규모를 지님(2022년기준)

- 스위스 내에 관련 종사자는 약 7만 4,000명, 해외에는 약 34만 명의 고용을 창출

▣ 특히 제약 분야에서는 노바티스(Novartis), 로슈(Roche), 론자(Lonza) 등 화학 분야에서는 지보단 인터내셔널(Givaudan International), 트린지오 유럽(Trinseo Europe), 에스테 로더(Estée Lauder) 등이 이 산업 부문을 주도하고 있음

▣ 의약품 분야 중에서도 세부적으로 바이오 및 유전 공학, 중앙신경 시스템 관련 의약품, 자연의약품, 의약품 원료인 식물, 약초에 대한 수요가 특히 큼

- 세계 2위 다국적 제약회사 노바티스는 의약 및 영양제, 농화학제품 및 살충제 부분에서 세계 최고 수준

▣ 2021년 코로나19 대응 과정에서 세계 바이오테크 산업이 확대되면서, 스위스 바이오 테크 산업 역시 역대 최대 순수익을 창출함.

- 2020년 49억 스위스프랑→2021년 67억 스위스프랑

※ 화학 및 제약 산업 성장 배경
- 대기업과 중소기업의 협력 및 연구 기관과의 근접성은 연구와 혁신을 위한 환경을 제공하고 고도로 전문화된 생산 입지의 기반을 형성
- 스위스의 수준 높은 헬스케어 시스템은 제품 테스트 및 판매 시장으로서 이상적인 조건 제공
- 과학적 연구 성과에 대한 확실한 세제 혜택, 글로벌 탑 제약사 주도 오픈이노베이션 활성화 정책, 집중 분야에 대한 전 세계 혁신 스타트업 소싱

### (2) 기계·전자·금속 산업

▣ 기계, 전기, 금속 공업은 제약 산업에 이어 스위스에서 두 번째로 큰 수출 주력 산업으로서 스위스 전체 수출의 30% 이상을 차지하고 있으며, 생산품 범위는 10마이크로그램(㎍)까지 측정하는 정밀기기부터 기차까지 광범위함

▣ 스위스에서는 기계·전자·금속 산업의 3개 산업을 통틀어 MEM(Machine, Electro, Metal) 산업이라고 통칭하며 통계도 보통 MEM 산업 전체를 기준으로 발표함

▣ 전체 종사 인력은 국내 약 32만 명(해외 포함시 약 50만 명), 관련 기업 수는 약 2,500개이며 주요 기업으로는 ABB, 알스톰(Alstrom), 리프헤어(Liebherr), 게오르그 피셔(Georg Fischer), 줄처(Sulzer), 부허 인더스트리(Bucher Industries), 뷔엘러 홀딩(Bühler Holding), 쉰들러(Schindler) 등이 있음

▣ 스위스에서 최초 제조된 터빈 발전기(1898년), 전기를 이용한 톱니 궤도식 철도(1890년), 펌프터빈(1930년), 가스터빈 발전소(1978년) 등은 세계 공업기술 발달에 있어 중요한 전환점이 됨

### (3) 시계 산업

▣ 현재 제약 산업과 기계, 전기, 금속 공업에 이어 수출 비중이 세 번째로 큰 분야이며, 조품의 95%를 수출할 정도로 수출 비중이 높은 산업(2021년 약 1,570만 개 수출)

▣ 2021년 스위스에서 한 해 동안 생산된 시계 중 약 95%가 해외로 수출되고 있으며 수출액이 1986년 약 6조 4,000억 달러에서 2021년 약 33조 6,000억 달러로 크게 증가함

■ 스위스 내 전체 종사 인력은 약 6만 명, 시계 제조 회사는 약 700여 개가 있으며 스와치(Swatch), 롤렉스(Rolex), 오메가(Omega), 파텍 필립(Patek Phillipe) 등 글로벌 명품 브랜드 제품을 생산함(대부분 제네바와 쥐라 지역에 위치)

### (4) 금융 산업

■ 세계 국경 간 자산 이동의 약 25%가 스위스에서 이루어지고 있으며 금융 산업은 스위스 국내 GDP의 약 10%를 차지함

■ 스위스 내 주요 금융 중심 도시로는 취리히, 제네바, 루가노 등이 있으며 2021년 말 스위스 내 239개 은행이 영업하고 있음

■ 1차, 2차 세계 대전에서 군사적 중립을 지키면서 전쟁 피난민을 수용하고 유럽 부자들의 자금 도피처 역할을 하여 스위스 금융 산업이 융성하게 됨

- 은행 비밀주의 전통은 17세기 때부터 시작되었으며, 1930년대 독일 나치 정권이 스위스 은행의 독일 고객, 특히 유대인 고객 정보를 공개하도록 스위스 측에 압력을 가해 오자 1934년 은행 비밀주의 원칙을 입법화함
- 1977년 4월 키아소(Chiasso) 사건 이후 스위스 은행연합회는 불법자금의 스위스 은행 유입 방지를 위해 예금주 신원 및 자금 출처를 파악하도록 결정하고, 또 외국 정부와도 사법 공조 협정을 체결, 범죄 관련 자금 계좌의 경우, 상호 공개하도록 함으로써 은행 비밀주의가 다소 완화됨

※ 키아소 사건

- 키아소는 이탈리아와 접경한 국경 도시로서, 동 도시에서 이탈리아 비자금이 자금 세탁되어 주목을 받아 옴
- 1977년 스위스의 크렛 스위스(Credit Suisse) 은행 키아소 지점 간부가 이탈리아 고객의 예금 22억 스위스프랑을 리히텐슈타인 투자회사에 불법 예치, 관리한 사건 이후 은행권에 대한 전반적인 규제를 강화하는 계기가 됨

■ 2021년 말 스위스 내에 239개 은행이 영업하고 있으며, 이 가운데 규모가 큰 민영은행은 UBS(Union Bank of Switzerland)와 크레딧 스위스(Credit Suisse)임

- 이들 두 거대 은행의 은행시장 점유율이 약 50%에 육박하며, 나머지 50%는 24개의 주립은행(Kantonalbanken)을 포함한 여타 자산관리 금융기관들이 차지

▣ 스위스가 유럽 금융 산업의 중심 역할을 할 수 있었던 요인은 국민의 높은 저축성, 사회적·경제적 안정, 정치적 중립, 은행 비밀주의 등으로 설명할 수 있음

### (5) 관광 산업

▣ 스위스의 관광 산업은 경제에 가장 중요한 축을 담당하는 산업 중 하나로 스위스는 아름다운 알프스산맥과 수려한 호수에 인접한 휴양지, 다채로운 등산 여건, 다양한 겨울 스포츠 시설 및 유럽의 중앙에 위치한 지리적 이점 등으로 인해 관광 산업이 일찍부터 발달해 왔으며 국민 소득의 주요 수입원 역할을 하고 있음

- 동계 스포츠 인기 상승으로 세계대전 이후 여행자가 급증하면서 도로·철도 인프라 및 숙박 시설 조성이 더욱 확대됨

▣ 2021년 관광 산업은 스위스 국내 총생산의 약 2.4%를 차지했으며 전체 노동 인구의 약 3.8%가량이 관광업에 종사 중이며 대부분이 숙박업, 교통업, 요식업에 종사함

▣ 많은 국제기구가 제네바와 취리히 등지에 소재하고 있어 국제회의가 자주 개최되는 점도 관광 산업 발달의 주요 요인임

### (6) 농수산임업

▣ 1차 산업은 스위스 국내 총생산의 약 0.7%(2020년)를 차지하며 이 중 절반가량은 축산업에서, 나머지 절반은 경작 농업에서 발생함

▣ 농업 GDP의 절반은 유제품 생산, 나머지 절반은 곡물 생산이 차지, 대부분의 농산물은 내수시장 소비 목적으로 생산되며, 치즈, 시리얼 등 일부 제품은 해외로 수출되고 있음

▣ 경작지가 전 국토의 24%에 불과한 가운데 농업 인구는 감소하고 농업부문 GDP 비중은 지속적으로 낮아지지만, 영농기술의 발달에 힘입어 생산량은 증가하는 추세임

### (7) 원자재 무역

- ▣ 스위스는 세계 원자재 무역의 거점 중 하나로, 특히 설탕, 면직, 유지 종자, 곡물 무역에서 세계적 선두 자리에 있으며 스위스 내 원자재 무역 부문 종사자 수는 약 3만 5,000명으로 국내 총생산의 약 3.8%를 창출함
- ▣ 총 550여 개의 원자재 무역 업체는 대부분은 제네바, 주크, 루가노 지역에 집중되어 있으며 주요 업체로는 글렌코어(Glencore), 트라피구라(Trafigura), 머큐리아(Mercuria), 군보르(Gunvor), 비톨(Vitol) 등이 있음
- ▣ 1970년대 초 석유 파동을 계기로 1973년 에너지 소비의 80%를 차지하던 석유 비중 감축을 위해 대폭적인 에너지 대체 정책(수력, 원자력, 가스, 석탄, 태양, 풍력, 폐기물 등 사용)을 추진한 결과 2021년 석유에 대한 에너지 의존도를 43%로 낮추는 데 성공함(가스 15%, 목재·석탄 6%)
- ▣ 스위스 전력 생산의 60%를 차지하는 수력은 100년 이상의 역사를 가지고 있으며, 2021년 기준 682개 수력발전소가 가동 중임

## 8. 왜 스위스는 부유한 나라인가?

- ▣ 영세중립국 유지가 부국의 기초
- ▣ 효율적인 자원 사용, 부가가치가 높고 고도 기술을 요하는 산업에 집중(시계, 제약 및 기계 산업)
- ▣ 비밀을 절대 보장하는 스위스 은행(스위스 최대 은행으로는 UBS와 유럽 최고의 투자 은행인 크레딧 스위스가 있음)
- ▣ 제네바 세계무역기구(WTO) 등 30여 개의 주요 국제기구 및 250개의 NGO 등이 스위스에 위치하고 있으며 로잔에는 국제올림픽위원회(IOC) 본부, 다포스 포럼 등이 있음
- ▣ 노벨상 수상자가 31명으로 세계 최고 수준의 과학기술력을 보유하고 있음

## 9. 스위스 비즈니스 매너 및 에티켓

▣ 기본 사항

- 의사소통: 독일인과의 비교를 삼가야 하며, 스위스인들이 선호하는 주제로 대화를 이끌어 나가면 조금 더 편안한 분위기를 만들 수 있음
- 다민족 다문화가 융합되어 있는 나라로 인종 관련 발언이나 특정 문화를 비하하는 발언은 삼갈 것
- 자국 은행 시스템을 화제로 삼는 것에 민감하기 때문에 비즈니스 대화에서 스위스 은행 비밀계좌 스캔들 관련 주제는 삼갈 것

▣ 식당 · 식사

- 인건비가 비싸 식당 등에 종사자가 적어 우리나라 대비 서비스가 느린 편이므로 인내심을 가지고 기다리는 자세가 필요함
- 식당, 카페 등에서의 팁은 미국과 같이 지불해야 할 의무는 없으나 통상적으로 1~2프랑 지불
- 길거리 및 옥외 식당 등에서 흡연이 매우 자유로운 편이고 길에 꽁초를 버리는 것에 대해 거리낌이 없으나 침을 뱉는 행위는 반드시 삼가야 함

▣ 기타 참고사항

- 대중교통 및 승강기 등을 이용할 때는 사람들이 다 내릴 때까지 기다린 후에 탑승하는 것이 매너이고, 밀치거나 부딪히는 것은 금물
- 기차역 등 개방된 공공장소에 흡연 구역 제한이 도입되었기에 금연 표지판에 유의해야 하며 침을 뱉는 행위는 반드시 삼가야 함
- 일반적으로 차량보다 보행자를 우선하기 때문에 보행 안전 수준이 높은 편임

# 스위스 대표 브랜드

## 1. 개요

▣ 12년간 글로벌 혁신지수 1위, 1인당 GDP 세계 3위의 스위스 브랜드들은 전 세계인들로부터 높은 신뢰도를 얻고 있음

▣ 우리에게 익숙한 명품시계 롤렉스(Rolex), 커피와 식품의 네스카페(Nescafe), 제약회사 로슈(Roche) 등이 스위스 주요 기업의 브랜드로 전 세계적으로 널리 알려져 있으며 이러한 명성은 알프스 시골 마을의 개방적인 기업 환경 속에서 끊임없는 연구와 혁신을 통해 가능했음

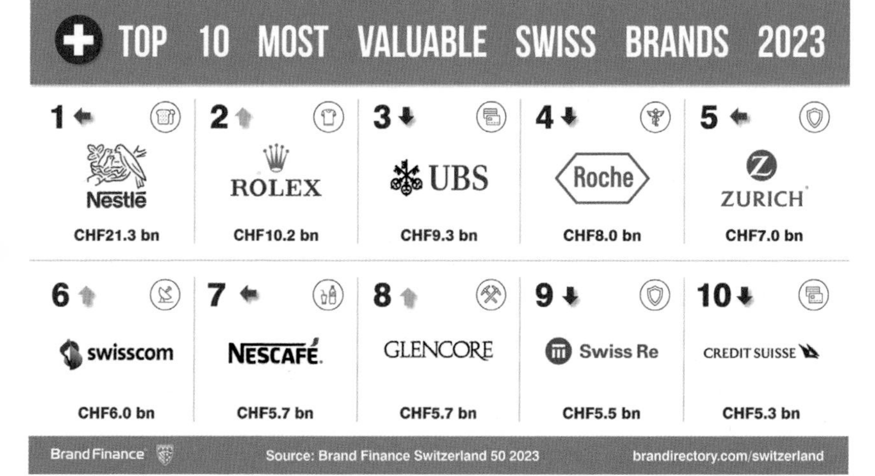


• 스위스 대표 브랜드

출처: brandfinance.com

## 2. 브랜드별 개요

### (1) 네슬레(Nestlé, 세계에서 가장 큰 식음료 기업)

▣ 세계에서 가장 큰 식음료 기업으로, 약사였던 앙리 네슬레(Henri Nestlé)가 1866년 인공 모유인 '페린락테'(Farine Lactée)를 개발하여 '페린락테 앙리 네슬레'(Farine Lactée Henri Nestlé)를 설립한 것에서 시작됨

▣ 제1차 세계대전 동안 정부와 계약을 맺고 시민들에게 우유를 공급하면서 빠르게 성장했고, 1960년 크로스 앤드 블랙웰(Crosse & Blackwell), 1963년 핀더스(Findus), 1971년 리비스(Libby's), 1988년 로운트리 매킨토시(Rowntree `Mackintosh), 1998년 클림(Klim), 2007년 거버(Gerber) 등 여러 기업을 인수하며 식료품 분야에서 영향력을 높여 나감

▣ 현재 14개의 산업 분야에서 1만여 개의 제품들을 출시하고 있으며 주요 제품으로는 이유식, 생수, 시리얼, 커피와 차, 제과, 유제품, 아이스크림, 냉동식품, 애완동물 사료, 스낵 등이 포함되어 있으며 네스프레소(Nespresso), 네스카페(Nescafé), 킷캣(Kit Kat), 스마티즈(Smarties), 네스퀵(Nesquik), 스토퍼즈(Stouffer's), 비텔(Vittel), 매기(Maggi) 등 네슬레 브랜드 중 29개 브랜드의 연간 매출이 100조 원 이상에 달함

### (2) 롤렉스(시계 제조사)

▣ 세계 고급 시계 브랜드로, 1905년 독일인 한스 빌스도르프(Hans Wilsdorf)와 그의 사위 알프레드 데이비스(Alfred Davis)가 영국 런던에 설립한 시계 제조사임

▣ 1912년 빌스도르프 & 데이비스사는 영국에서는 케이스 금속(금, 은)에 붙는 세금과 수출 관세가 너무 높아, 제조 비용이 너무 든다고 느껴 스위스 제네바에 본사를 둠

▣ 2023년 연간 매출액 시계 회사상 최초로 100억 스위스프랑(약 15조 원)을 기록함

### (3) UBS(Union Bank of Switzerland, 금융회사)

▣ 스위스의 다국적 투자 은행이자 금융 서비스 회사로, 세계적으로 가장 큰 자산 관리 회사 중 하나로 양한 금융 서비스를 제공함

▣ 스위스 바젤 및 취리히에 본사를 둔 글로벌 금융 기업으로 UBS는 1747년 설립된 스위스 은행(Swiss Bank)에서 시작했으며 1998년에 스위스 뱅크 코퍼레이션(Swiss Bank Corporation)과 합병했고 2023년에는 스위스의 대형 금융 기관인 크레딧 스위스(Credit Suisse) 은행을 합병했음

### (4) 로슈(Roche, 제약회사)

▣ 스위스 바젤에 본사를 두고 있는 제약회사로, 의약품과 진단 분야에서 활동하며 로슈 홀딩(Roche Holding AG)이라는 회사가 SIX 스위스 거래소에 상장돼 있음

▣ 로슈는 세계에서 다섯 번째로 큰 제약 회사이며 암 치료를 제공하는 주요 기업 중 하나로 종양학 분야의 세계적인 리더라고 할 수 있음

▣ 이 외에도 빈혈, 자가면역질환, 류마티스 등에 적극적으로 연구를 수행하고 있으며 로슈의 대표 제품으로는 오크레버스(Ocrevus), 헴리브라(Hemlibra), 티센트릭(Tecentriq), 퍼제타(Perjeta) 등이 있음

### (5) 취리히 인슈어런스 그룹(Zurich Insurance Group, 보험회사)

▣ 스위스 최대의 다국적 보험회사 취리히 인슈어런스 그룹은 150년간 이어져 온 유럽의 가장 큰 보험사 중 하나로, 시가 총액이 504억 달러(약 61조 6,000억 원)에 달하는 규모의 보험 기업으로 약 5만 6,000명의 직원이 근무하고 있으며, 210개국 이상에서 서비스하고 있으며 본사는 취리히에 있음

### (6) 스위스콤(Swisscom, 통신회사)

▣ 스위스에서 가장 큰 통신 및 IT 서비스 제공업체로 스위스 국가우편서비스인 스위스포스트와 국유 회사였던 PTT(Post, Telegraph, Telephone)의 후신으

로 스위스 연방이 지분 51%를 소유하고 있으며 베른에 본사가 위치함

- ▣ 자회사인 패스트웹(Fastweb) SpA를 통해 이탈리아에서 강력한 입지를 확보하고 있으며 스위스 모바일, 인터넷, 디지털 TV 시장의 선두주자로 세계에서 가장 고음질의 통화 서비스를 제공하는 동시에 세계 최대의 1인당 국제 통화량을 보유하고 있음

### (7) 네스카페(인스턴트 커피)

- ▣ 네스카페(Nescafé)는 세계적으로 유명한 커피 브랜드로, 스위스 기반의 다국적 식품 및 음료 회사인 네슬레 그룹 산하 회사로 다양한 커피 음료를 제공하고 있음
- ▣ 1929년 월스트리트 파동으로 네슬레는 브라질 정부의 요청에 따라 과잉 생산된 커피를 보존할 수 있는 방법을 연구하기 시작하여 1938년 네슬레의 과학자 맥스 모르간탈러(Max Morgenthaler)와 그의 팀이 인스턴트 커피를 개발하고 '네스카페'라는 브랜드로 출시
- ▣ 1940년대 제2차 세계대전 동안 네스카페는 미군에 의해 널리 사용되면서 성장했으며 이후 전 세계로 시장을 확장하며 다양한 국가에서 인스턴트 커피의 선두주자로 자리매김함

### (8) 글렌코어(Glencore, 광물자원회사)

- ▣ 스위스를 기반으로 한 세계적인 천연자원 기업으로, 광업, 금속 및 에너지 상품의 생산, 가공, 마케팅 및 물류를 담당하는 다국적 기업
- ▣ 1974년에 설립된 60개의 광물, 석유 자원 생산 및 판매 회사로 구리, 코발트, 아연, 니켈 및 합금철과 같은 광범위한 금속 및 광물을 생산 및 판매하고, 리튬 이온 배터리 및 기타 금속 함유 제품의 재활용 사업을 하며, 콩고, 미국, 유럽 등 30개국에 진출함

### (9) 스위스 리(Swiss Re, Swiss Reinsurance Company Ltd, 재보험회사)

- ▣ 취리히에 본사를 둔 세계적인 재보험 회사로 전 세계적으로 재보험, 보험, 기타 형태의 위험 관리 솔루션을 제공하고 있음
- ▣ 1863년 헬베티아 제너럴 인슈어런스 컴퍼니(Helvetia General Insurance Company)와 스위스 신용 은행이 취리히에서 공동으로 설립함. 초기에는 화재 및 자연재해로 인한 손실을 보장하기 위한 것이었고, 현재 세계 2위의 재보험사로 30개국에서 영업 활동을 하고 있으며 제너럴 일렉트릭사가 회사 지분의 8.9%를 소유하고 있음

### (10) 크레딧 스위스(Credit Suisse)

- ▣ 스위스 취리히에 있는 글로벌 금융 기관으로. 스위스의 정치인, 사업가이자 은행가 알프레드 에셔(Alfred Escher)에 의해 1856년 창립되어 투자은행, 프라이빗 뱅킹, 자산운용 등을 취급함
- ▣ 스위스 경제 발전에 중요한 역할을 담당하고 있었으나 2020~2021년에 아르케고스 캐피털(Archegos Capital) 및 그린실 캐피털(Greensill Capital)과 관련된 대규모 손실로 인해 재정적 어려움을 겪었고, 이로 인해 경영진 교체와 구조조정 단행. 다른 스위스 다국적 은행인 UBS에 인수되었음

# 스위스의 시계 산업

전 세계 최고 품질의 시계 산업

## 1. 스위스의 시계 산업 개요

▣ 스위스 시계 산업은 시계 산업의 심장부. 그 가운데 손목시계는 스위스 4대 수출 품목의 하나로 2022년 기준 생산량은 약 250억 스위스프랑(약 30조 원) 규모로 스위스 전체 GDP의 4%에 해당함

▣ 스위스 시계의 생산품은 95%가 수출되며 주요 수출 국가는 미국과 중국

▣ 일반적으로 잘 알려 있는 스위스의 시계 브랜드는 약 26개 정도이지만 제조 회사는 700개를 넘으며 시계 관련 종사 인력은 약 6만 명. 많은 시계 제조업체가 스위스 제네바 및 쥐라 지역에 본사를 두고 있음

▣ 스위스의 시계는 주로 명품 시계를 많이 생산하고 있지만 실용적이면서도 실속 있는 스포츠, 패션 시계 등 다양한 제품을 생산하고 있음

| Markets | Mil. of CHF(스위스프랑) | | |
|---|---|---|---|
| | 2022년 | 2021년 | 2020년 |
| 1. USA | 3,889.6 | 3,080.5 | 1,987.2 |
| 2. China | 2,563.8 | 2,966.9 | 2,394.7 |
| 3. Hong Kong | 1,908.5 | 2,133.2 | 1,697.1 |
| 4. Japan | 1,693.0 | 1,417.1 | 1,189.7 |
| 5. United Kingdom | 1,620.2 | 1,334.1 | 1,031.6 |
| 6. Singapore | 1,613.8 | 1,277.0 | 935.5 |
| 7. Germany | 1,291.5 | 1,061.3 | 887.0 |
| 8. France | 1,183.6 | 953.9 | 667.9 |

| Markets | Mil. of CHF(스위스프랑) | | |
|---|---|---|---|
| | 2022년 | 2021년 | 2020년 |
| 9. UAE | 1,124.6 | 997.4 | 759.0 |
| 10. Italy | 974.4 | 859.6 | 650.0 |
| 11. South Korea | 763.7 | 749.3 | 584.2 |
| 12. Spain | 430.6 | 341.9 | 256.2 |
| 13. Taiwan | 366.7 | 318.9 | 279.3 |
| 14. Australia | 359.0 | 279.6 | 202.2 |
| 15. Saudi Arabia | 345.4 | 316.5 | 222.8 |

• 스위스 국가별 시계 수출액 순위(2022년)

출처: monochrome-watches.com

## 2. 스위스 시계 산업 역사

### ▣ 스위스의 시계 산업은 프랑스에서 발생한 종교적 갈등으로부터 탄생하게 됨

| 연도 | 내용 |
|---|---|
| 16세기<br>(종교개혁) | - 프랑스 앙리 4세가 신교와 구교의 화해를 위해 1598년 낭트독립선언 후 신구교 갈등 종식<br>- 1685년 루이 14세가 낭트칙령을 폐지했으며 종교박해를 피해 자유와 안전을 위해 프랑스에서 이주해온 신교도인 위그노 교도들이 제네바 등으로 이주해서 샤프하우젠(Schaffhausen), 쥐라(Jura)로 시계 기술을 보급시킴<br>- 칼뱅이 사치품 사용을 금지하는 교리를 주장하자 제네바 보석세공업자들이 시계 산업으로 전업함 |
| 17세기 | - 17세기에 제네바에 시계 상거래 조합이 결성됨 |
| 18세기~19세기 | - 스위스가 산업화를 받아들이기 시작(1800)<br>- 1845년에는 세계 시계 시장에 수출되면서 시계 산업이 활기를 띠기 시작했으며 당시 6000여명의 시계 산업 종사자가 5만 개 이상 회중시계를 생산하는 수준 |
| 20세기 | - 최초로 정확한 손목시계가 발명되어 회중시계가 교체됨(1910년)<br>- 최초 방수시계를 생산함(1926년) |
| 20세기 | - 자동 회전시계 생산함(1931년)<br>- 자동으로 바뀌는 날짜, 요일시계를 생산함(1945년)<br>- 흠이 가지 않는 유리금속시계를 생산함(1962년)<br>- 배터리 시계(쿼츠 시계)를 생산함(1967년)<br>- 전기 손목시계 및 일본과의 경쟁으로 스위스 시계 산업은 위기에 빠졌으나 재도약의 시기를 거쳐 서서히 회복함(1970~1980년)<br>- 플라스틱류 스와치(Swatch) 시계를 생산함(1984년) |

## 3. 워치 밸리

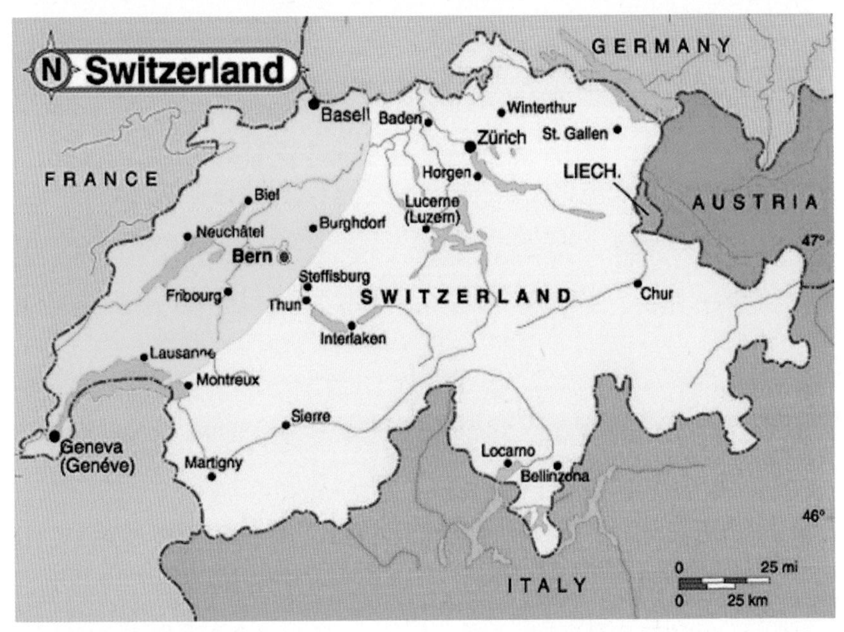


• 스위스의 워치 밸리(노란색 부분) 출처: www.timesticking.com/what-is-the-watch-valley-in-switzerland

▣ 워치 밸리(Watch valley)는 스위스 제네바에서 바젤까지 스위스 쥐라 아크 전체를 포괄하는 시계 제조 산업의 주요 지점(두 도시와의 거리는 약 200km)

▣ 스위스 시계의 1대 생산지인 발레드주(Vallee de joux)가 워치 밸리라고 불리는 지역이며 브레게(Breguet), 블랑팡(Blancpain), 파텍 필립에 이르기까지 세계 최고 브랜드 생산지의 거점이 됨

▣ 특히 라쇼드퐁(la chaux de fonds fans)과 르로클(Le Locle) 도시는 시계 산업을 위해 만든 계획 도시로 유네스코 세계문화유산으로 등재됨

▣ 숙련된 장인의 노하우, 전통, 엄격함을 바탕으로 세계적인 명성이 지금까지 이어지고 있음

▣ 대표 스위스 시계 브랜드

① 롤렉스(ROLEX)

② 파텍 필립(PATEK PHILIPPE)

③ 오메가(OMEGA)

④ 오리스(ORIS)

⑤ 태그 호이어(TAG HEUER)

## 4. 스위스 시계 산업의 경쟁력

▣ 400년의 스위스 메이드(Swiss made) 경쟁력을 가진 시계 산업이 전 세계적으로 최고의 경쟁력을 가지게 된 이유는 첫째, 철저한 장인정신, 둘째, 정밀한 명품 시계를 만들겠다는 시계 회사와 시계산업협회, 그리고 셋째, 정부의 강력한 지원 체계임

▣ 스위스 메이드라는 엄격한 품질 기준이 적용되며 뇌사텔의 오트에콜 ARC 대학과 보스테프 시계전문학교가 있어 시계 산업에 특화한 실용적인 교육기관이 많은 것도 이유임

# 스위스 협동조합

스위스의 경제 및 사회의 중심 역할

▣ 스위스 협동조합은 스위스 경제와 사회에서 가장 중요한 역할을 하는 조직 단체임

▣ '협동조합의 나라'라고 불리는 스위스에서의 협동조합은 19세기 중반부터 시작되어 다양한 산업 분야에서 발전했으며 스위스 경제와 사회에서 중요한 역할을 하는 조직 형태로 경제적 자립과 사회적 복지에 기여하고 있으며 협동조합의 민주적 운영과 회원 참여는 스위스 경제와 사회의 중요한 구성 요소로 자리 잡고 있음

대표적인 협동조합회사로 코업스위스(Coop Swiss)와 미그로(Migros)사가 있는데 이 두 협동조합이 스위스의 소비재 소매 매출의 60% 이상을 점유하는 대형 소매유통 기업이며 조합원 수는 액 4,800만 명으로 스위스 인구 820만 명의 60%에 이르며 고용 인원도 약 19만 명으로 스위스 소매산업 고용인원의 약 50%를 차지함

▣ 스위스 대표 협동조합

① 코업스위스(Coop Swiss)

- 스위스 최초의 소비자 협동조합이자 스위스 최대의 도소매 회사 중 하나

• 코업스위스 매장 내부 출처: www.swissinfo.ch

② 미그로(Migros)

- 현재 스위스 국민의 4분의 1이 조합원으로 가입되어 있는 스위스 최대의 소매업체

• 미그로 입구*

### ▣ 미그로와 코업스위스 비교(2021년 기준)

| 구분 | 미그로 | 코업스위스 |
|---|---|---|
| 설립 연도 | 1925년 | 1864년 |
| 설립자 | 고틀리에프 두트바일러<br>(Gottlieb Duttweiler) | 스위스 소비자 협회 U.S.C.<br>(Union suisse des societes de consummation) |
| 매장 수 | 약 600개 | 약 2,500개 |
| 직원 수 | 9만 7,541명 | 9만 5,420명 |
| 조합원 수 | 250만 명 | 230만 명 |
| 매출액 | 316억 6,000만 달러(약44조 원) | 348억 8,000만 달러(약49조 원) |
| 중점 분야 | 생산, 여행, 건강, 스포츠, 온라인 판매 | 조리식품, 유기농식품, 도매산업 |
| 공통점 | 직원을 포함한 국민, 생산자에게 이익을 환원하며<br>스위스 사회의 재정과 자원의 선순환을 이끎 | |
| 차이점 | - 10개 지역별 회원생협과 전국연합회로 구성<br>- 매장 수는 적지만 매장당 면적이 넓음<br>- PB상품(자사개발제품) 중심<br>- 매장에서 술과 담배, 성인잡지를 판매하지 않음<br>- 제품에 이산화탄소 라벨을 붙여 소비자가 기후 보전에 도움이 되는 물품을 구입하도록 유도함<br>- 걷거나 자전거를 이용해서 오기 편한 장소에 위치함 | - 회원생협과 전국연합회가 합병한 단일 생협으로 구성<br>- 중앙집권화된 특징을 보임<br>- PB상품도 있지만 NB상품도 함께 취급함<br>- 22만 개의 온오프라인 상점을 보유함<br>- 환경 친화적이고 공정 거래 제품을 취급함<br>- 기차역 부근이나 시내에 위치함 |

# 스위스 초콜릿 산업

전 세계적으로 유명한 고품질 초콜릿

## 1. 스위스 초콜릿 개요

▣ 스위스 초콜릿 산업은 수출액이 전 세계 10위를 차지할 정도로 스위스 수출 경제에 상당한 기여를 하고 있으며 스위스에서 가장 중요한 산업 중 하나임

▣ 19세기 스위스에서 밀크초콜릿이 최초로 만들어지면서 국제적인 영향력을 가지게 되었으며 오늘날 스위스는 국가별 1인당 연간 초콜릿 소비량 1위에 달할 정도로 초콜릿 산업이 발달한 국가 중 하나임

▣ 스위스 초콜릿은 고품질의 재료와 정교한 제조 기술로 유명하고 토블론, 네슬레 등의 유명한 초콜릿 브랜드가 있으며 현재까지도 국내외 관광객들에게 매우 인기가 많음

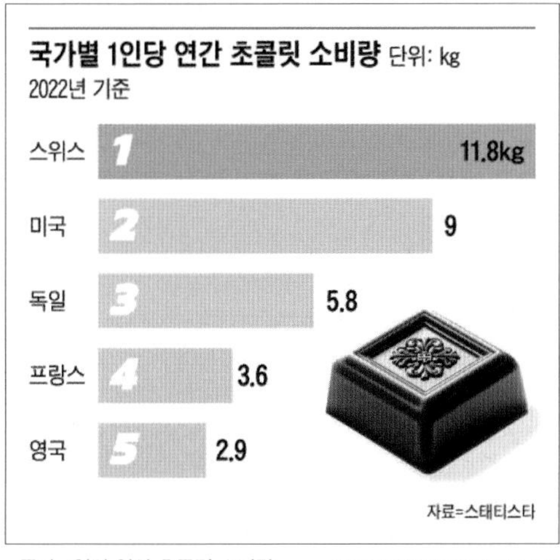


• 국가 1인당 연간 초콜릿 소비량 출처: 조선일보 2024.02.16. 일자

■ 국가별 초콜릿 수출액 순위(2022년)

| 순위 | 수출 국가 | 총 초콜릿 수출액 |
|---|---|---|
| 1 | 독일 | 54억 달러(16.4%) |
| 2 | 벨기에 | 33억 달러(10%) |
| 3 | 이탈리아 | 24억 달러(7.4%) |
| 4 | 폴란드 | 24억 달러(7.1%) |
| 5 | 네덜란드 | 22억 달러(6.8%) |
| 6 | 캐나다 | 20억 달러(6%) |
| 7 | 미국 | 17억 달러(5.2%) |
| 8 | 프랑스 | 14억 달러(4.4%) |
| 9 | 영국 | 10억 달러(3.1%) |
| 10 | 스위스 | 8억 8,220만 달러(2.7%) |

출처: www.worldstopexports.com

## 2. 스위스 초콜릿의 경쟁력 요인

| 구분 | 내용 |
|---|---|
| ① 역사적 배경과 전통 | - 19세기부터 초콜릿 제조에서 혁신을 이루어 왔음<br>- 우유 초콜릿 발명과 콘칭 공법의 개발로 초콜릿의 품질을 향상시켜 소비자에게 사랑받게 만듦<br>- 이러한 역사적인 혁신으로 스위스 초콜릿은 세계적인 명성을 얻는 기반이 됨 |
| ② 높은 품질 기준 | - 원재료 선별부터 제조 과정에 이르기까지 엄격한 품질 관리를 실시하고 있음<br>- 고품질의 코코아빈 선택, 정밀한 제조 기술, 철저한 품질 검사 등의 과정을 거쳐 최고 품질의 초콜릿을 생산하고자 함 |
| ③ 혁신과 연구 개발 | - 기술 혁신에 대한 투자를 많이 하고 있어 지속적인 출시가 가능함과 더불어 소비자의 변화와 취향을 대응해 나가고 있음<br>- 연구 기관과 대학들과의 협력을 통해 과학적인 발견을 제품에 적용해 나감 |
| ④ 브랜드 가치와 마케팅 | - 효과적인 마케팅 활용으로 높고 강력한 글로벌 인지도를 가지게 됨 (대표적으로 린트, 토블론, 네슬레와 같은 브랜드)<br>- 소비자에 대한 신뢰와 품질 향상으로 올라가게 됨 |
| ⑤ 지속가능성과 윤리적 생산 | - 지속가능하고 윤리적인 원재료 조달에 많은 주목을 받고 있음<br>- 공정 무역 인증과 친환경 생산 방식이 현대 소비자들에게는 중요한 판매 포인트가 됨<br>- 스위스 초콜릿에 대한 긍정적인 이미지로 시장 점유율 확대에 기여하고 있음 |

## 3. 스위스 초콜릿의 역사

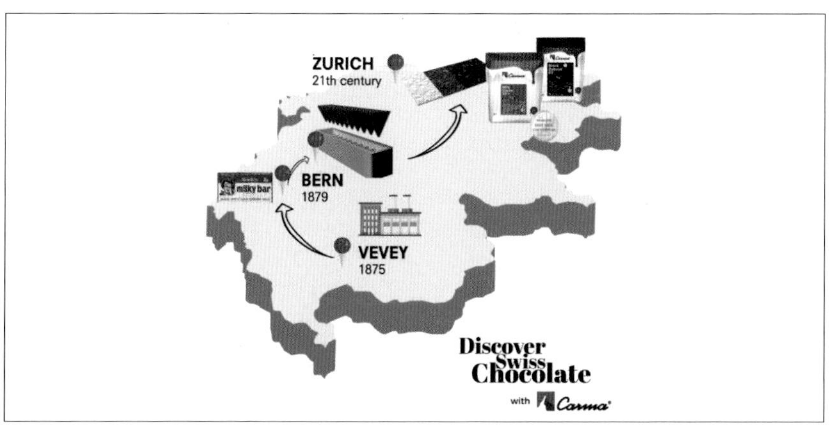


• 스위스 초콜릿 산업의 역사

출처: www.barry-callebaut.com

### ▣ 약사

| 분류 | 특징 |
|---|---|
| 17세기 | - 중앙아메리카에서 유럽으로 가져온 카카오빈과 초콜릿이 스위스에 도달하며 초콜릿 가공이 시작됨 |
| 18세기 | - 초콜릿은 장인의 제품이며 타치노 일부 지역에서만 브베(Vevey) 생산 회사가 설립됨(1767년) |
| 19세기 | - 스위스는 제네바 호수 북쪽의 작은 마을인 브베에 최초의 공장이 등장하면서 초콜릿을 생산한 최초의 국가 중 하나가 되었으며 이는 초콜릿을 짜는 기계화 공정의 탄생지이기도 함<br>- 프랑수아 루이(François-Louis), 카이에 설립(1819년)<br>- 필립 슈샤르(Philippe Suchard), 쇼콜라 슈사르(Chocolat Suchard) 설립(1826년)<br>- 샤를-아메데 콜러 쇼콜라(Charles-Amédée Kohler Chocolat), 콜러(Kohler) 설립(1830년)<br>- 1875년 스위스 시민이 최초로 우유와 초콜릿을 결합하여 초콜릿 산업에 상당한 영향을 줌<br>- 1879년 초콜릿 콘체(Chocolate Conche)가 발명되면서 스위스 밀크초콜릿은 비단처럼 부드러운 질감이 생겨 오늘날의 스위스가 세계적으로 알려지게 됨<br>- 이후 쓴맛을 완화시킨 밀크 초콜릿이 대규모 생산되었으며 프레이 및 토블러(Tobler)와 같은 회사도 설립되며 19세기 후반에 확장됨 |
| 20세기 | - 스위스 초콜릿 시장을 장악하게 되고 '스위스 초콜릿 제조업체 자유협회'가 1901년에 설립되었으며 1908년 알프스를 대표하는 토블론바가 탄생함 |
| 21세기 | - 스위스는 전 세계 1인당 연간 11.8kg의 초콜릿을 소비하며 총수출액은 8억 8,000만 달러(2022년 기준)<br>- 스위스의 초콜릿 산업은 전통을 바탕으로 명성을 쌓아 왔지만 경쟁력을 유지하기 위해 항상 새로운 영역을 개척하려고 노력하고 있음 |

## 4. 스위스 대표 초콜릿

### (1) 린트 앤드 슈프륑글리(Lindt & Sprüngli)

- 1845년도에 설립되었으며 루돌프 린트가 개발한 '콘칭'이라는 기술로 유명함. 부드러운 질감의 초콜릿 특징을 가지고 있음

### (2) 토블론(Toblerone)

- 1908년에 설립되었으며 독특한 삼각형 모양의 초콜릿이며 꿀과 아몬드 누가를 포함한 독특한 레시피를 가지고 있어 세계적으로 사랑받고 있는 브랜드

### (3) 네슬레(Nestlé)

- 1866년에 설립되었으며 킷캣(KitKat)과 스마티즈(Smarties) 시리즈를 생산, 판매하고 있음

### (4) 카이에(Cailler)

- 1819년에 설립된 스위스에서 가장 오래된 초콜릿 브랜드 중 하나이며 밀크 초콜릿이 가장 유명함

### (5) 프레이(Frey)

- 1887년에 설립된 회사로 스위스에서 가장 많이 팔리고 있는 초콜릿 중 하나

# 스위스 용병의 역사

▣ 스위스는 알프스 등 산지가 있어 농경 및 무역으로 생활할 수 없었기 때문에 스위스 사람들은 용병업으로 생계를 꾸려야 했음. 그들은 용맹성과 전투 기술로 널리 알려져 여러 유럽 국가의 군대에서 중요한 역할을 담당함

▣ 스위스 용병의 역사는 13세기에 시작되었다고 볼수 있으며 스위스 역사의 발단이 된 1291년 세 개의 지역 공동체(우리, 슈비츠, 운터발덴)가 동맹을 맺어 신성로마 제국으로부터의 독립을 지키기 위한 군대를 조직하게 되었음

▣ 1400~1800년 사이 스위스 연방에서는 130~152만 정도의 남자들이 용병에 참여했던 것으로 추정되며 그 가운데 귀향한 생존자는 약 30%뿐임

▣ 중세시대 프랑스와 독일 지방은 전쟁의 연속으로 군대 병력이 부족하게 되자 이를 충당하기 위해 왕과 영주는 저렴하게 고용할 수 있는 스위스 용병을 고용하기 시작함

▣ 1315년 모르가르텐 전투(Battle of Morgarten)에서 합스부르크 왕가를 제압하고 1477년 낭시 전투(Battle of Nancy)에 승리하면서 스위스 용병의 용맹과 전투 기술이 널리 알려짐

▣ 총기 시대에 창검술을 고수하면서 스위스 용병은 점차 무너지기 시작했고 1522년 비코가 전투, 1525년 파비아 전투에서 패배하며 스위스 용병의 몰락을 가져옴

▣ 1527년에 신성로마 제국 황제 카를 5세가 바티칸에 침입했을 때 스위스 근위대가 목숨을 바쳐 교황과 추기경을 끝까지 보호하며 안전한 곳으로 대피

시킨 것은 현재까지도 높이 평가되고 있음

▣ 1792년 프랑스 혁명 당시 루이 16세와 마리 앙투아네트의 거처인 튈르리 궁전을 사수하다 786명의 스위스 용병이 전멸할 정도로 용맹이 대단했음

▣ 스페인은 16세기 네덜란드 독립전쟁이 발발하자 네덜란드 독립을 막기 위해 스위스 용병을 고용했으나 많은 스위스 용병이 전쟁터에서 죽자 스위스 인구가 줄어드는 것을 염려한 스위스 정부는 1848년 연방헌법을 제정하여 연방국가가 되면서 헌법으로 용병 수출을 금지함

▣ 유일하게 외국 용병이 남아 있는 것은 바티칸 시국 경호를 하는 스위스 근위대로 교황과 바티칸의 안전을 책임지는 역사적인 군사 조직으로, 500년 이상의 전통을 자랑함

▣ 스위스 근위대는 스위스 국적으로 로마 가톨릭 신자여야 하며 남성으로 최소 174cm 이상의 키와 훌륭한 신체 조건을 갖추어야 함. 2년간 복무를 마치면 연장도 가능함

## 스위스(Switzerland)

10개 주요 도시

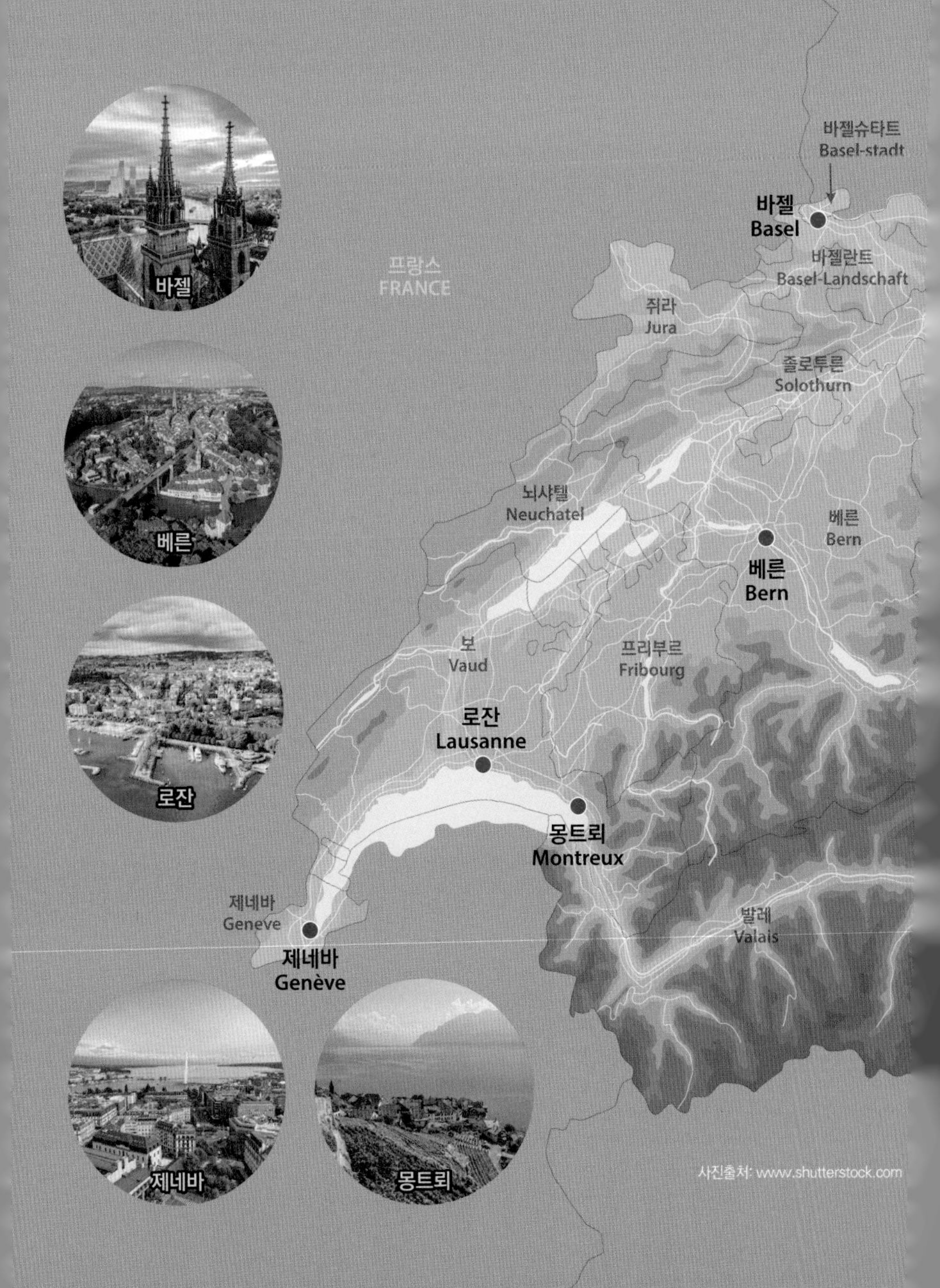

루체른
취리히
장크트갈렌
하우젠
ffhausen
독일
GERMANY
투르가우
Thurgau
장크트갈렌
St. Gallen
취리히
Zürich
아펜첼아우서로덴
Appenzell Ausserrhoden
취리히
Zürich
아펜첼이너로덴
Appenzell Innerrhoden
장크트갈렌
St. Gallen
추크
Zug
오스트리아
AUSTRIA
리히텐슈타인
Liechtenstein
슈비츠
Schwyz
글라루스
Glarus
니트발덴
Nidwalden
우리
Uri
그라우뷘덴
Graubünden
다보스
Davos
티치노
Ticino
루가노
Lugano
루가노
다보스
이탈리아
ITALY

# 2
# 취리히

## 1. 취리히 개황

▣ 취리히(Zürich)는 스위스 최대 도시이자 경제, 교육, 문화의 중심지이며 수년 동안 삶의 질에 있어 세계 최고의 도시로 선정됨

▣ 면적: 87.88km$^2$

▣ 인구: 약 142만 명(2022년 기준)

▣ 위치: 스위스의 중간 지역 취리히호의 북쪽 끝

▣ 기후: 해양성 기후(사계절이 뚜렷하게 나타남)

▣ 시장: 코린 마우치(2014년~ )

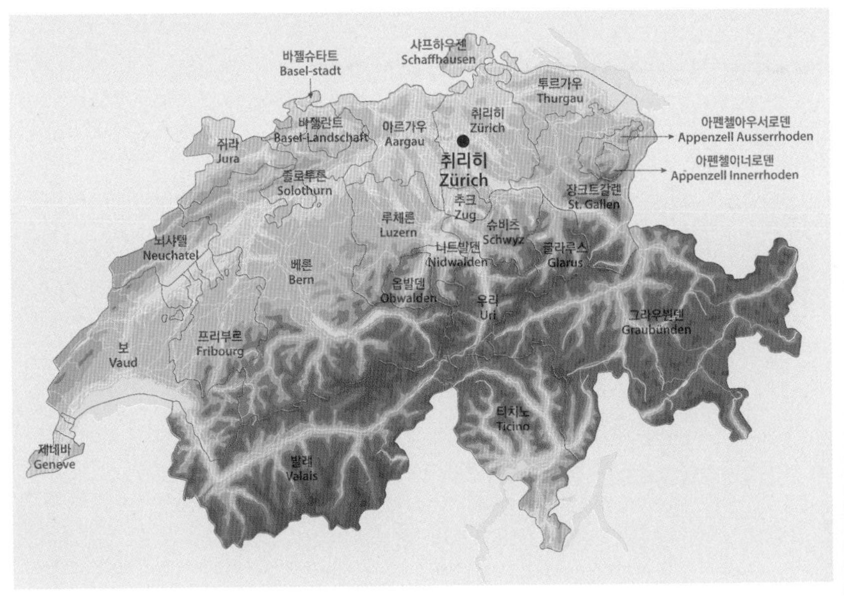


• 취리히 위치 지도

• 취리히 전경

■ 취리히 시내 중심 지도

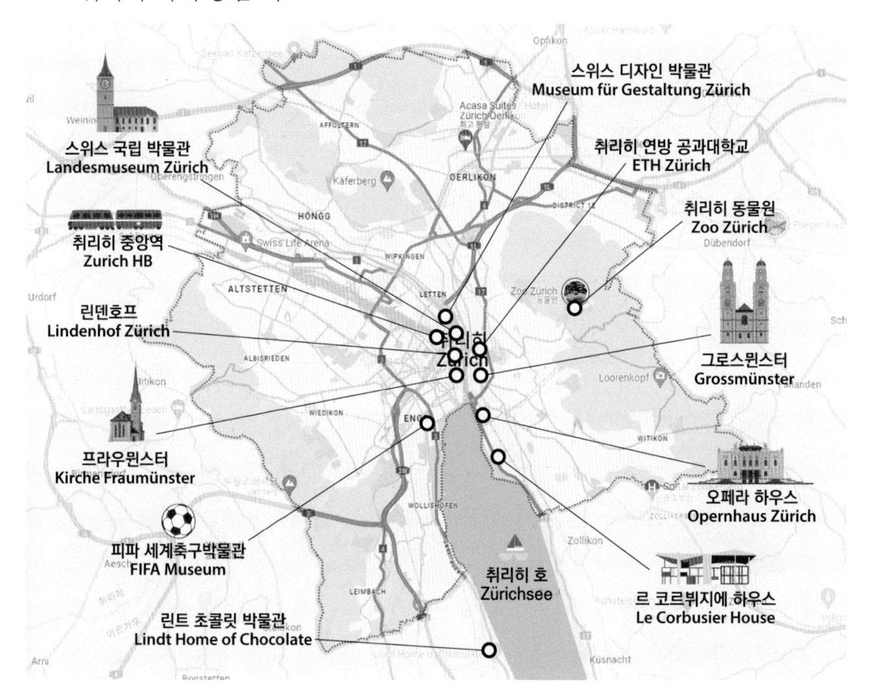

## ▣ 취리히 약사

| 연도 | 역사 내용 |
|---|---|
| 1218년 | 체링거 가문의 주요 가문이 소멸되면서 제국의 즉시권(Reichsunmittelbar, 제국의 자유 도시가 됨)을 얻었고 국가에 필적하는 지위를 얻음 |
| 1230년대 | 38ha에 달하는 성벽을 건설함 |
| 1234년 | 프리드리히 2세가 프라우뮌스터 수녀를 공작 부인으로 승진시킴 |
| 1273년 | 유대인이 처음 언급됨 |
| 1349년 | 흑사병이 발생하자 현지 유대인을 박해하며 최초의 유대인 공동체의 종말을 알림 |
| 1351년 | 독립 국가 연합의 다섯 번째 구성원이 됨 |
| 1423년~ 19세기 | 유대인들이 도시에서 추방됨 |
| 1440년 | 토겐부르크 영토를 두고 다른 회원국과의 전쟁(구 취리히 전쟁)으로 인해 연방에서 일시적으로 추방됨 |
| 1450년 | 취리히가 연방에 재가입됨 |
| 1531년 | 취리히 성서가 발행됨 |
| 1624년 | 두 번째 요새를 건설함 |
| 1648년 | 스스로를 공화국으로 선포하고 자유 제국 도시의 이전 지위를 벗어남 |
| 1815년 | 빈 회의에서 스위스는 영구 중립을 인정받고, 취리히를 포함한 22개 주의 스위스 연방을 결성함 |
| 1840년대 | 스위스 연방의 수도가 됨 |
| 1859년 | 취리히 조약이 체결됨 |
| 1862년 | 유대인들이 평등하게 취리히에 정착하기 시작했을 때, 이스라엘 문화 공동체 취리히가 설립됨 |
| 1877년 | 취리히 증권거래소가 설립됨 |
| 1933년 | 난민 지원 중앙 위원회를 설립함 |
| 1934년 | 취리히의 북쪽과 서쪽에 8개의 추가 지구가 통합됨 |
| ~현재 | 유럽의 금융과 제약산업의 중심지로 성장함 |

## ▣ 주요 특징

- 스위스에서 가장 큰 도시이자 취리히주의 주도이며 물가가 매우 높은 도시 중 한 곳임
- 스위스의 주요 은행들과 기업들의 본사가 위치해 있으며 대체투자상품, 펀드, 은행, 보험, 자산관리 사업이 활발히 이뤄지고 있음

- 취리히는 세계적인 조사 기관과 국제기구에서 제네바와 함께 삶의 질이 높은 도시로 자주 선정될 정도로 쾌적한 도시 환경과 높은 생활 수준을 유지하고 있음
- 스위스의 상업적, 문화적 중심지이자 철도, 도로 및 항공 교통의 중심지이며 취리히 공항과 취리히 중앙역은 스위스에서 가장 크고 가장 분주함
- 스위스에서 가장 교통이 편리한 도시로 철도와 도로망이 전국으로 연결되어 있으며 대중교통 시스템도 효율적으로 운영되고 있음
- 전쟁의 피해를 입지 않고 잘 보존된 오래된 성당과 교회가 많이 있음
- FIFA 본부가 있는 곳으로 2016년에는 FIFA가 운영하는 축구 박물관을 개관함
- 스위스의 연방법에 따라 세계 식음료품 제조 70% 정도의 재료는 스위스산을 사용해야 하며, 이를 어기면 벌금이 부과됨

▣ 경제

- 16세기부터 직물 공업이 시작되어 17세기에는 면공업과 염색업의 발달로 이어졌음
- 19세기 들어 이탈리아, 프랑스, 독일을 연결하는 교통의 중요 거점이어서 직물 제품 유통의 중심으로 떠오름
- 1847년에는 취리히와 바덴을 연결하는 스위스 최초의 철도인 스패니슈-브뢰틀리반이 건설되었으며 산업화에 따른 이주 등으로 인구가 급격히 늘면서 취리히는 금융의 중심지로 발전함
- 취리히를 대표하는 번화가인 반호프스트라세가 1867년에 조성되었으며 취리히 증권거래소가 1877년에 설립됨
- 1985년에 생태 친환경도시로 거듭났으며 취리히 주정부는 도시 리모델링 그룹을 만들어 하천을 정비하고 환경을 복원하고자 함
- 스위스 50대 회사 중 UBS, 크레딧 스위스, HBB 등 10여 개의 회사가 취리히에 본사를 두고 있음

# 1. 그로스뮌스터

스위스 최대의 성당

- Grossmünster. 2개의 탑이 우뚝 솟아 있는 스위스 최대의 로마네스크 양식의 성당으로 취리히 구시가에 위치해 있으며 스위스 종교개혁가 츠빙글리의 종교개혁(1519년)이 시작된 곳임
- 리마트강을 사이로 프라우뮌스터(Fraumünster), 성 베드로 교회(St. Peter's Church)와 함께 취리히를 대표하는 중세 건축물로 로마 황제 카를 대제(라틴어: Carolus Magnus)에 의해 서기 1100년부터 1200년에 걸쳐서 건축됨
- 대성당 내부에는 스위스 조각가 자코메티(Giovanni Giacometti)의 스테인드글라스 창, 독일 작가 오토 뭉크(Otto Münch)의 '동(銅) 문' 등 미술적으로 가치가 높은 작품들이 장식되어 있음
- 2개의 탑 중 남쪽에 있는 탑 아래에는 카를 대제상이 있으며, 187개의 계단을 통해 '카를슈투름(Karlsturm)'이라 불리는 종탑에 오르면 취리히 시내 전경과 호수, 알프스까지 조망할 수 있음

• 그로스뮌스터 전경

• 그로스뮌스터 내부

# 2. 취리히 디자인 박물관

스위스를 디자인하다

- ▣ The Museum für Gestaltung Zürich(Museum for Design Zurich). 스위스를 대표하는 세계 3대 디자인 박물관으로 불리며 포스터, 디자인, 그래픽 응용 미술 분야의 스위스 최고 박물관으로 알려짐
- ▣ 매년 5~7회의 임시 전시회가 열리고 있으며 전시 프로그램은 박물관 컬렉션과 연구 프로젝트를 통해 개발되고 있음
- ▣ 1875년에 설립된 예술 공예 박물관에서 발전하기 시작하여 1933년 현재의 건물로 이전된 이후로 계속 이어지고 있으며 토니 아레알(Toni Areal)이 대규모로 리모델링되어 새로운 교육 시설로서의 위상을 확립하고 있음

• 취리히 디자인 박물관 전경

▣ 취리히 예술대학교 및 기타 대학들과의 지속적인 협력을 통해 분석 연구하고 있으며 다양한 관점에서 컬렉션을 진행, 복제, 문서화 및 보존하고 있음

• 취리히 디자인 박물관 컬렉션

• 고유 디자인과 스타일을 갖고 있는 패션 아이템 모음

# 3. 린덴호프

사랑의 불시착 촬영지로 알려진 그곳!

- ▣ Zurich Lindenhof. 취리히 시내의 전경을 한눈에 담을 수 있는 공원이며 한국에서는 드라마 〈사랑의 불시착〉 촬영지로 유명함
- ▣ 언덕은 얼음에 침식된 물질이 운반되어 쌓인 빙퇴석 지질로 되어 있으며 로마, 카롤링거 시대의 카이저팔츠 유적지로도 알려져 있음
- ▣ 중세시대 언덕 꼭대기에는 요새가 있어 중심지를 요새화하기 위해서 사용되었으며 고대 성벽 부분은 축제장으로도 활용했으나 1218년에 파손됨
- ▣ 1851년 프리메이슨 로지가 이곳에 있는 건물을 구매했는데 이때 로마 중세시대의 동전, 난로, 타일 등의 유물이 발굴되었으며 1937년 고고학자들에 의해 어린이와 성인의 무덤이 발견되어 학술 가치가 높은 곳으로 알려짐
- ▣ 현재는 시민들이 이용하는 공원이 되었으며 로마, 중세 시대의 정착지와 건물과 유적이 스위스 국가중요문화유산으로 지정됨

• 린덴호프 언덕에 있는 헤드윅 분수 밍 펌프장

• 린덴호프 위에서 바라본 취리히 시내 전경

• 린덴호프 위에서 바라본 취리히 시내

# 4. 린트 초콜릿 박물관

스위스를 대표하는 초콜릿

▣ Lindt Home of Chocolate. 스위스를 대표하는 초콜릿 중 하나인 린트 초콜릿에 대한 소개를 듣고 직접 체험해 볼 수 있는 세계 최대 규모의 초콜릿 박물관으로 스위스의 건축가 크리스트 앤드 간텐바인(Christ & Gantenbein)이 설계해 2020년 9월에 개관함

▣ 린트 초콜릿 박물관의 하이라이트이자 볼거리의 하나인 초콜릿 분수를 직접 눈으로 확인할 수 있음. 이 박물관에는 인터렉티브 박물관, 연구 시설이 있으며 특히 500평 규모의 세계에서 가장 큰 초콜릿 스토어가 인기가 많으며 관광객들은 여기서 스위스 여행 기념품과 선물로 린트 초콜릿을 구매함

• 린트 초콜릿 박물관 입구 전경

▣ 코코아 재배부터 초콜릿의 역사, 최고급 품질을 자랑하는 스위스 초콜릿 맛까지 모두 즐겨 볼수 있으며 린트 카페에서는 맛있는 와플과 초콜릿 특선 요리를 제공하고 있어 일반인은 물론 초콜릿 애호가들에게도 많은 환영을 받고 있음

• 린트 초콜릿 박물관 내부에 있는 거대한 초콜릿 분수

• 린트 초콜릿 박물관 내부

# 5. 파라데플라츠 환승 복합 공간

취리히 트램의 정거장 겸 휴게소

▣ Zurich Paradeplatz. 파라데플라츠는 반호프스트라세의 가장 비싼 취리히의 중심 광장이며 취리히 호수와 가까운 트램 분기점 역할을 하는 교차로임

▣ 17세기에는 이곳에 열린 가축 시장 때문에 돼지시장(Säumärt)이라고 불리기도 했으며 19세기초 사업 호황으로 인해 신시장(Neumarkt)으로 명칭이 변경되어 지금의 파라데플라츠라는 명칭이 자리 잡게 됨

▣ 광장 주변에 스위스 대형은행인 UBS, 크레닷 스위스 본사가 위치해 금융의 중심지로 알려짐

▣ 정류장은 취리히 시민들의 이동의 수단일 뿐만 아니라 허기짐을 달랠 수 있는 식당과 관광안내 센터 등이 있어 복합공간으로 활용되고 있음

• 파라데플라츠 환승복합공간의 전경

# 6. 르 코르뷔지에 하우스

예술철학이 담긴 르코르뷔지에의 유작

- Le Corbusier House. 스위스의 건축가이자 디자이너였던 르 코르뷔지에(Le Corbusier)의 업적을 기념하기 위해 만들어진 일종의 예술 박물관
- 다양한 색상의 에나멜 판과 결합된 조립식 강철 요소를 집중적으로 사용하고 비와 태양으로부터 보호하기 위해 자유롭게 움직이는 지붕 등을 설계함
- 르 코르뷔지에는 1965년, 휴양지에서 수영을 즐기던 중 심장마비로 사망하여 이 건물은 그가 마지막으로 설계한 건축물이 되었으며 그 후 2년 뒤인 1967년 7월에 정식으로 오픈함

• 르 코르뷔지에 하우스 전경

▣ 르 코르뷔지에의 독특하고 기능성 있는 다양한 작품을 감상할 수 있으며 여기에는 통일성을 반영한 그만의 철학이 담겨 있음

▣ 2016년 4월까지는 하이디 베버 재단에서 건물을 보존하고 전시회를 진행해 왔으며 이후 취리히시 문화부에서 관리하며 2019년 봄 재건축 및 리노베이션을 진행함

• 르 코르뷔지에 하우스 내부

# 7. 스위스 국립 박물관

스위스의 두 얼굴

## 1) 스위스 국립 박물관

▣ Schweizerisches National Museum. 취리히에 위치한 국립 박물관으로 스위스의 고고학, 스위스의 역사를 상설 전시회와 컬렉션을 통해 소개하고 있으며 매년 임시 전시회도 개최 중임

• 평상시 낮의 국립 박물관 전경

▣ 최대 규모의 문화 및 역사 전시물을 소장하고 있으며 100년이 넘는 전통을 가지고 있어 방문객들에게 이전 세대 사람들이 어떻게 살아가고 느꼈을지에 대한 통찰력을 키워 주는 장소 중 하나임

▣ 위치는 중앙 기차역과 플라슈피츠 공원 사이에 위치하며 접근성이 편하고 건물은 동화 속에 나오는 성을 연상시킴

▣ 평상시에는 엄숙하면서도 교육 문화적인 공간인 박물관이지만 여름밤에는 전혀 다른 분위기가 되어 음악과 라디오 등을 켜서 즐길 수 있는 축제 룬트펑크 페스티벌(Rundfunk Festival)을 개최하고 있음

### 2) 룬트펑크 페스티벌

▣ 매년 여름 취리히 국립 박물관 내부 안뜰에서 개최되는 음악 행사로 2000년에 처음 시작해서 대중문화 이벤트로 자리 잡음

▣ 신나는 록 음악을 즐길 수 있는 이 행사는 오후 5시~오후 11시까지, 약 6주간 진행되며 스위스 국내 및 해외 DJ들이 참석하고 행사는 전 세계 라이브 스트리밍 서비스를 통해 방송됨

▣ 음악 외에도 푸드 트럭과 150개의 바, 음반 매장 등이 이 행사를 후원하여 취리히 시민들의 즐거운 분위기를 이끌어 내고 있음

• 신나는 룬트펑크 페스티벌의 분위기

# 8. 취리히 연방 공과대학교

스위스 최고의 이공계 대학교

▣ ETH Zurich. 유럽의 MIT라고 불리는 이 대학은 1854년에 설립된 과학, 기술공학 및 수학에 중점을 두고 있는 공립 연구 대학

▣ 16개의 학과가 있으며 120개국 이상의 2만 5,380명의 학생이 등록되어 있고 그중 4,425명은 박사학위를 취득하고 있음

▣ 세계 최고 대학 랭크 20위 안에 등재되어 있으며 알베르트 아인슈타인, 폰 노이만을 비롯한 32명의 노벨상을 배출해 낸 유럽 대륙의 최고 명문 대학으로 알려져 있음

• 취리히 연방 공과대학교 전경

▣ 본관 건너편에 취리히 대학병원이 있으며 의학, 과학 분야에 대해 많은 프로젝트를 진행하고 있음

▣ 대학교 앞에 폴리터라세(Polyterrasse)라고 하는 전망대가 있으며 캠퍼스 학생들은 이곳에서 아름다운 취리히의 전망을 바라보며 휴식을 즐길 수 있음

• 취리히 연방 공과대학교 내부 전경

• 대학 앞 폴리터라세 전망대에서 바라보는 취리히 도시 전망

# 9. 취리히 서부 재생 프로젝트

산업 지구에서 트렌디 복합 문화예술 단지로 재생

### 1) 프로젝트 개요

▣ Zurich West Regeneration. 한때 선박이 건조되고 엔진이 볼트로 결합되었던 서쪽 산업 지구를 예술, 디자인, 음식, 문화 쇼핑 및 건축이 관심의 중심지로 재생한 도시 재생 프로젝트

▣ 이 재생 프로젝트는 주거, 상업 및 여가 시설이 균형 있게 혼합되도록 계획되었으며 서쪽 지역에 사는 사람들이 생활, 일과 사회 활동을 할 수 있는 활기찬 도시 환경을 유지할 수 있도록 하는 것을 목표로 함

• 취리히 서부 재생 프로젝트

출처: www.zuerich.com

▣ 프로젝트로 이후 해당 지역은 교통 및 인프라가 개선되어 도심 접근성이 높아졌으며 지역 경제의 성장을 촉진하여 기업, 스타트업 및 투자를 유치하고 있고 일자리 창출에도 많은 기여를 한 도시 재생의 모범 사례임

## 2) 주요 프로젝트

### (1) 임 비아둑트(IM VIADUKT) 프로젝트

• 임 비아둑트 프로젝트의 상점 거리

- 고가교 하부 기둥 사이에 위치한 각종 상점과 레스토랑, 갤러리 등 50개가 넘는 점포가 고가를 따라 주욱 이어지는 상점 거리임
- 고가교 재개발을 담당한 PWG 재단은 신축 건물에 고급 쇼핑몰이나 유흥 지역을 만들기보다 기존 지역의 특성을 살리는 로컬 상점 거리를 만들고자 함
- 이후 임 비아둑트는 지역 시민과 방문객을 위한 만남의 장소로 계획되었고 2011년에는 고가교 건설이 3개의 건축상을 수상하기도 함

## (2) 프라우 게롤츠 가르텐(Frau Gerolds Garten) 프로젝트

• 프라우 게롤츠 가르텐 프로젝트

- 재생 프로젝트의 중요한 부분 중 하나로 도시 농업과 도시 농장 콘셉트를 기반으로 하여 작은 상점, 식당, 예술 정원 커뮤니티 및 활기찬 이벤트 프로그램을 경험할 수 있도록 계획됨

### (3) 프라이탁 플래그십 스토어(Freitag Flagship Store)

• 프라이탁 타워의 외관

- 스위스 취리히에서 시작된 업사이클링을 통해 제작된 가방과 액세서리로 유명한 프라이탁 제품은 1993년 마커스 프라이탁(Markus Freitag)과 다니엘 프라이탁(Daniel Freitag) 형제가 설립함
- 프라이탁 브랜드는 환경 보호와 지속가능성을 강조하며 친환경 디자인으로 전 세계에서 가장 유명한 업사이클링 대표 브랜드로 알려짐
- 프라이탁 타워는 19개의 녹슨 화물 컨테이너가 겹겹이 쌓인 독특한 형태인데 이는 플래그십 스토어 건물 자체도 재활용된 자재들로 건설되어 브랜드의 정체성을 잘 보여 주는 사례임
- 4개 층에 걸쳐 가방, 스마트폰 케이스, 지갑 등 1,800개 이상의 재활용 제품이 있으며 5층에는 전망 테라스가 있음

▣ 프라이탁 스토어 취리히 노에르트(FREITAG Store Zurich NOERD) 공장

- 프라이탁 스토어 취리히 노에르트 공장은 고객들에게 생산 과정을 보여 주고 프라이탁 브랜드의 유래와 가치를 체험할 수 있는 장소 역할을 함

## (4) 126m 프라임 타워(Prime Tower)

- 스위스 유명 건축가 안네테 지곤(Annette Gigon)과 마이크 가이어(Mike Guyer)가 설계한 프라임 타워는 최고 높이가 중심부 126m로 2011년에 완공되었으며 은행, 케이터링, 다양한 유형의 사무실 공간이 있고 최상층에 회의 공간 및 레스토랑이 위치하고 있음
- 프라임 타워는 멀리서도 보이는 녹색 음영 유리 외관이 특징적이며 최상층에서는 취리히 서부 지역과 도심이 한눈에 들어오는 최상의 전망을 감상할 수 있음

## (5) 어반 서프(Urban surf)

- 도시 중심부에서 서핑을 즐길 수 있는 시설로 다양한 음료와 음식, 라이브 음악 및 이벤트 등까지 경험할 수 있어 지역 주민 및 관광객에게 인기가 많은 명소임

# 10. 라인 폭포

유럽에서 가장 큰 폭포

- ▣ Rheinfall. 스위스 샤프하우젠주와 취리히주 경계 지점에 위치한 유럽 최대의 폭포로 유럽 전역 1,300km에 걸쳐 흐르는 라인강의 유일한 평지 폭포임. 폭포 낙차 23m, 폭 150m, 수량은 매초 700㎥나 되는 엄청난 양으로 흐름
- ▣ 1,000년의 역사를 가진 라우펜성을 통과해서 폭포 전망대로 내려가는 벨베데레 산책길은 폭포를 감상하기에 가장 좋은 전망 포인트이며 유람선을 타고 폭포 근처에 가서 폭포의 위력을 실감하는 것 또한 라인강의 숨겨진 비경을 맛볼 수 있는 기회

• 라인 폭포

# 11. 유럽 거리

취리히 중앙역 인근 복합 센터

- ▣ Europaallee. 중앙역 바로 옆에 위치한 유럽 거리 복합 개발 센터는 요즘 취리히에서 가장 트렌디한 곳으로 오랫동안 유휴 부지(약 7만 8,000m$^2$)였던 곳을 2009년부터 2020년까지 대대적으로 주거, 상업 및 공공 공간으로 성공적으로 개발한 사례임
- ▣ 전체적으로 상가, 문화 공간, 레스토랑 및 바, 약 400개의 주거 콘도미니엄과 임대 아파트, 170개의 침대를 갖춘 호텔, 8,000개의 일자리를 위한 사무실, 영화관 및 3개의 대학교육 기관이 유럽 거리에 속한 부지에 건설되어 새로운 취리히의 명소로 자리 잡고 있음

• 취리히 유럽 거리 복합 단지　　출처: www.archdaily.com

# 12. 우에틀리베르크

취리히시를 조망할 수 있는 산

- Uetliberg. 해발 870m에 달하는 취리히의 대표적인 산으로 취리히 도심과 호수를 한눈에 볼 수 있고 맑은 날에는 알프스산맥까지 조망할 수 있는 인기 있는 명소임
- 하이킹, 트레킹, 자전거 타기 등 다양한 야외 활동을 즐길 수 있으며 정상에 위치한 레스토랑에서 스위스 전통 요리까지 즐길 수 있음
- 정상에는 아름다운 풍경을 볼 수 있는 전망대가 있으며 다양한 하이킹로와 자연 보호 지역이 있음. 자연과 문화를 경험하고 싶은 여행객들에게 인기를 끌고 있으며 취리히 중앙역에서 우에틀리베르크 정상역까지 전용 기차로 20분 소요됨

• 우에틀리베르크 정상에서 본 취리히시

3

# 제네바

## 1. 제네바 개황

- 세계에서 가장 작은 국제도시이자 평화의 도시로 불리는 제네바(Geneva)는 UN 유럽 본부 및 국제적십자사의 본청이 있는 곳으로 유명함
- 면적: 15.93km$^2$
- 인구: 약 21만 명
- 위치: 스위스 서쪽 끝, 론강과 레만호가 만나는 곳
- 기후: 대양성 기후(연중 기온 온화)
- 시장: 알폰소 고메즈(2020년~ )

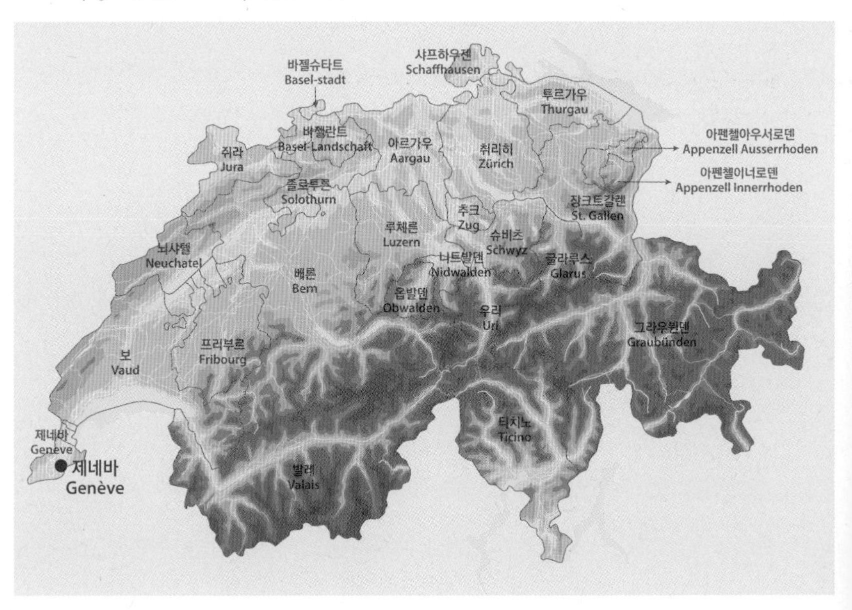

• 제네바 전경

출처: www.shutterstock.com

## ▣ 제네바 시내 중심 지도

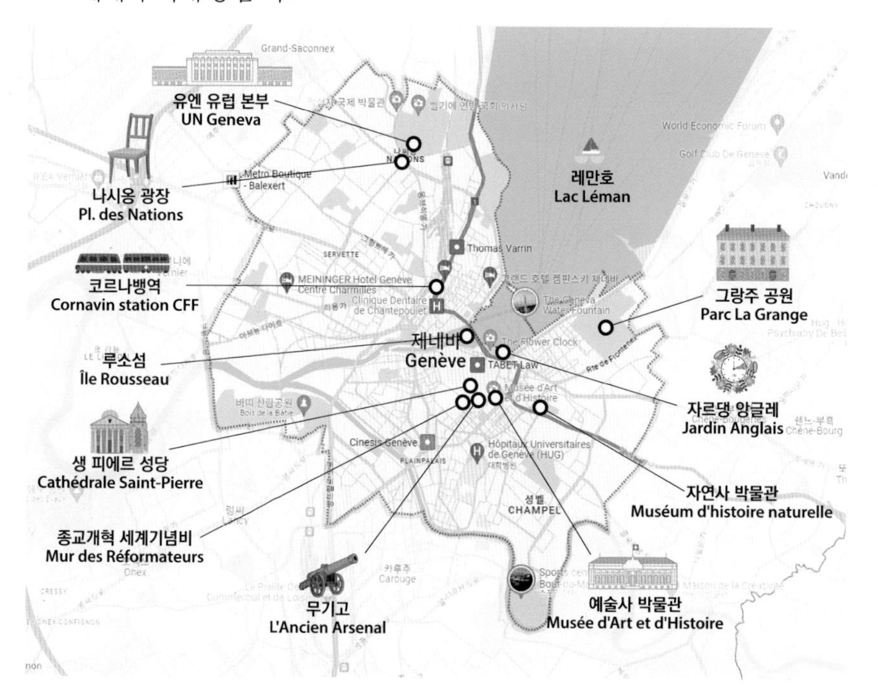

■ 약사

| 연도 | 역사 내용 |
|---|---|
| 서기전 200년 | 제네바에 켈트족의 일파인 알로브로게스족이 정착함 |
| 서기전 121년 | 로마가 제네바를 점령하며 토착민들이 기독교로 개종함 |
| 5세기 | 제네바에서 최초의 주교가 탄생함 |
| 14세기 말 | 제네바가 자치시 지위를 획득하며 신성로마 제국의 직접적인 지배를 받음 |
| 16세기 | 유럽 종교개혁이 일어나며, 제네바는 1536년에 신교를 선언하여 종교개혁의 중심지가 됨 |
| 1546년 | 프랑스에서 탄압을 받던 종교 지도자인 장 칼뱅이 제네바에 망명하여 종교개혁을 주도함 |
| 1536년 | 제네바가 공화국을 선포하고 신교도 도시들과 연맹을 결성함 |
| 1618년~ 1648년 | 30년의 전쟁 동안 스위스는 중립을 유지함 |
| 1789년 | 프랑스 혁명이 발발하여 제네바가 프랑스에 합병됨 |
| 1814년 | 나폴레옹 전쟁 후 스위스의 독립과 중립국 지위가 인정됨 |
| 1864년 | 앙리 뒤낭이 국제적십자사를 설립하여 제네바가 국제 협력의 중심지로 발전 |
| 1919년 | 국제연맹이 제네바에 설립되고 최초의 회합이 개최됨 |

■ 주요 특징

- 평화의 수도(Capital of Peace)라고도 불리는 곳으로 독일어권의 대표 도시이자 문화적 도시로서 명소와 사적들이 풍부한 세계적인 관광지
- 국제적십자사 본부와 국제연합 유럽 본부 등 국제기관이 위치해 있으며 세계 평화를 위한 각종 국제회의가 개최됨
- 프라이빗 뱅킹 중심의 금융업이 발달했으며 제네바 모터쇼, 비타푸드 등 국제 전시회의 개최지임
- 제네바는 지정학적으로 중세 시기부터 유럽의 무역 중심지로 주변 열강의 많은 관심을 받았으며 정복 대상이기도 했음
- 15세기 초부터 이탈리아 지역 사보이 가문의 영향력하에 놓이기 시작했으며 1532년 제네바는 가톨릭 주교를 추방하고 1536년 개신교를 국교로 선포함. 당시 제네바에서 종교개혁을 주도한 중심 인물은 칼뱅이었으며 제네바는 전 유럽으로 확산된 칼뱅주의의 본거지가 됨

- 1550년대 부와 재능을 가진 많은 사람이 제네바로 몰려들었고 개신교에 헌신한 칼뱅의 강력한 지지자들은 가톨릭의 파문 관행에 반발하여 결집했으며 스스로를 '제네바의 아이들'이라고 부름
- 종교개혁을 거치면서 제네바는 엄격한 질서를 갖춘 공화국으로 성장하기 시작했고 이때부터 개신교의 로마(Protestant Rome)로 불렸으며 국제적인 명성을 토대로 정치적 자유와 자치의 가치를 발전시킴. 특히 제네바 기독교인들이 영어로 번역한 '제네바 성경(Geneva Bible)'은 청교도 순례자들을 통해 신대륙으로 전파됨
- 제네바의 개방적 문화 속에서 개신교 난민들은 사회에 융합되어 갔으며 종교개혁과 개신교 난민 수용은 결과적으로 제네바의 번영을 가져오고 제네바를 유럽 지식 교류의 중심지로 성장시킴
- 17세기 제네바는 개신교의 지적 네트워크를 연결하는 유럽의 거점 대학 도시가 되었으며 이러한 과정을 통해 제네바는 엄격한 질서를 갖춘 공화국으로 성장하고, 국제적인 명성을 획득하여 국제도시로서 발전해 나감
- 제네바는 박해로 인해 이주한 프랑스 개신교도들이 발전시킨 시계 공업으로 경제적 번영을 누림
- 영화 〈로마의 휴일〉로 유명한 오드리 헵번은 제네바 근처에서 말년을 보냈으며 아르헨티나의 소설가 보르헤스 역시 사춘기의 추억이 담긴 제네바에서 여생을 마침

■ 경제 현황

- 제네바주는 스위스 내에서도 중요한 경제 중심지로 특히 금융, 국제기구, 그리고 다국적 기업들이 밀집한 도시로 취리히에 이어 두 번째로 높은 GDP를 기록하고 있음
- 서비스 산업에 특화되어 있으며, 금융, 관광, 무역 등이 주요 산업임. 사모은행과 자산 관리 중심의 금융 산업이 발전되고 있으며 스위스 내 외국계 은행이 가장 많이 밀집되어 있음
- 세계의 자유무역 석유, 설탕, 곡물 및 유지 종자의 약 3분의 1이 제네바에서

거래됨

- 금융 부문에 이어 두 번째로 큰 주요 경제 부문은 시계 제조 부문으로, 파텍 필립, 바쉐론 콘스탄틴, 쇼파드, 피아제, 롤렉스, 로저 드뷔, 프랑크 뮬러, FP 주른 등의 고급 기업이 본사를 두고 있음
- 세계보건기구(WHO), 국제적십자사(ICRC), 세계무역기구(WTO) 등 200개 이상의 수많은 국제기구가 제네바에 위치해 있어 '세계 외교의 수도'라고 불림
- 제네바는 국제적인 성향, 편리한 공항 교통망, 대륙 중심의 위치 등의 특징으로 인해 국제회의와 무역 박람회가 개최되고 있으며 그중에서도 가장 큰 규모는 팔렉스포에서 매년 3월 개최되는 제네바 모터쇼
- 제네바의 경제적 기여도는 스위스 전체 GDP에서 약 9%를 차지하고 있음

▣ 교통

- 제네바 국제공항은 이착륙료가 저렴하여 저가항공사들이 많이 찾는 공항으로 셍겐 조약 덕에 인근 프랑스에 사는 프랑스인들도 국내선처럼 이용함
- 중앙역 역할을 하는 제네바 코르나뱅역에서는 스위스 각지로 연결되는 열차와 프랑스로 가는 TGV 리리아, 이탈리아로 가는 인터시티 등을 탈 수 있음
- 광역철도 레만 익스프레스는 제네바 중심부와 근교를 연결하고, 시내 대중교통은 노면전차, 버스, 무궤도전차가 운영됨

▣ 주요 행사

| 구분 | 내용 | |
|---|---|---|
| ① 제네바 모터쇼 (GENEVA INTERNATIONAL MOTOR SHOW) | - 국제자동차제조업기구(OICA)가 인정한 자동차 업계에서 가장 권위 있고 영향력 있는 행사 중 하나<br>- 1905년 첫 개최된 제네바 모터쇼는 자동차 회사들이 신차나 콘셉트 카를 공개하는 장으로 매년 3월 제네바에서 열리며 슈퍼 카 및 럭셔리 카의 신모델이나 혁신적인 기술을 선보임 | |
| | **개최 기간** | 2024.02.26 ~ 2024.03.03 |
| | **개최 장소** | Palexpo-Geneve 스위스, 제네바 |
| | **주최 기관** | Comite Permanent du Salon International de l'Automobile Geneve |
| | **개최 규모** | 720,002sqm($m^2$) |
| | **산업 분야** | 자동차 |

| 구분 | 내용 |
|---|---|
| ① 제네바 모터쇼 (GENEVA INTERNATIONAL MOTOR SHOW) | <br>• 세계 5대 모터쇼로 꼽히는 제네바 국제모터쇼출처: 연합뉴스 www.yna.co.kr |
| ② 카루주 (Carouge) 시장 | - 매주 수, 토요일에 카루주의 마르셰 광장에서 열리는 카루주 시장은 제네바 삶의 질을 짐작할 수 있는 생산자와 소비자를 완벽하게 이어주는 역할을 함<br>- 카르둔, 톰므 보두아즈 치즈나 스위스 전통 방식의 와인과 같은 희귀한 식재료들을 볼 수 있음<br><br>• 카루주 시장 출처: biz.heraldcorp.com |

## 2. 스위스와 국제기구

### 1) 스위스 국제기구 개요

▣ 스위스는 관용과 중립으로 잘 알려진 나라로 1920년부터 중립국 지위와 평화 이미지를 강조하여 냉전시대에도 어렵지 않게 국제기구들을 유치할 수 있었음

▣ 최초의 국제기구는 1868년 베른에 설립된 ITU(International Telecommunication Union)이며 1879년 UPU(Universal Postal Union) 설립(베른 소재), 1893년 OTIF(Intergovernmental Organization for International Carriage by Rail, 베른 소재) 설립으로 이어짐

▣ 1995년 세계무역기구인 WTO(World Trade Organization) 본부를 유치하고 2002년에 UN에 정식 가입하면서 국제기구 소재국으로서의 역할 및 입지를 재차 확인함

▣ 국제기구 유치 역사가 오래된 만큼 기구 유치를 위한 관련 법, 지원 정책, 사회 인프라 등 큰 틀이 이미 정착하여 안정화되어 있음

### 2) 제네바에 위치한 주요 국제기구

#### (1) UN 산하 국제기구

| 명칭 | 내용 |
|---|---|
| 유네스코<br>(UNESCO) | - 1946년 11월 4일 설립된 유엔 전문기구로 교육, 과학, 문화 등의 지적 활동 분야에서 국제 이해와 협력을 촉진함으로써 세계 평화와 인류 발전을 증진시키기 위해 만들어짐<br>- 유네스코는 6년 단위로 유네스코 중기 계획을 세워 광범위한 분야의 사업들을 효율적으로 수행함<br>- 유네스코는 모든 회원국 정부 대표들이 참가하는 최고의결기구인 총회(General Conference)와 58개 집행이사국이 참가하는 집행감독기구인 집행이사회(Executive Board), 집행부서인 사무국(Secretariat)으로 구성됨 |

| 명칭 | 내용 |
| --- | --- |
| 유엔 제네바사무소<br>(UNOG) | - 1946년 설립된 유엔 제네바사무소는 유엔 뉴욕사무소 다음으로 큰 규모를 지님<br>- 국제연합의 전신인 국제연맹(League of Nations)은 1919년 제네바를 본부 소재지로 결정하고, 1929~1936년 본부 건물인 팔레 데 나시옹(Palais des Nations)을 건축했으며 국제연맹은 1946년 국제연합으로 대체됨으로써 이 건물도 국제연합 사무소로 변모<br>- 제네바 사무소에서는 인권이나 인류 평화 관련 업무를 많이 다루고 있으며, 현 유엔 제네바사무소장은 러시아 출신의 타티아나 발로바야(Tatiana Valolaya)임 |
| 세계보건기구<br>(WHO) | - 세계보건기구는 국제 공중보건을 책임지는 유엔 전문 기구로 1946년에 설립허가 되어 1948년 4월 7일에 정식으로 발족한 후 해마다 4월 7일을 '세계 보건의 날'로 기념하고 있음<br>- 세계보건기구는 국제 보건 사업의 지도와 조정, 회원국 간의 기술원조 장려를 맡고 있으며 세 가지 주요 기관(세계보건총회, 이사회, 사무국)을 통해 업무를 수행하고 있음 |

## (2) 기타 국제기구

| 명칭 | 내용 |
| --- | --- |
| 유럽안보협력기구<br>(OSCE) | - 유럽안보협력기구는 안보 협력을 위해 유럽과 중앙아시아, 북아메리카 등의 57개 국가가 가입되어 있는 세계에서 가장 큰 정부 간 협력 기구<br>- 1975년 헬싱키 정상회의 결과로서 유럽안보협력회의(CSCE)가 창설되었으며, 1995년 유럽안보협력기구(OSCE)로 상설기구화됨 |
| 유럽자유무역연합<br>(EFTA) | - 유럽자유무역연합은 유럽 경제 공동체(현재의 유럽 연합)에 가입되어 있지 않던 유럽의 7개의 나라(영국, 오스트리아, 스웨덴, 스위스, 덴마크, 노르웨이, 포르투갈)가 유럽 경제 공동체에 대항하기 위해 영국을 중심으로 1960년에 설립한 자유무역연합<br>- 유럽자유무역연합의 주요 기능으로는 전 세계 국가 및 무역 블록과 자유무역협정(FTA)을 체결하고 회원국 간 및 유럽경제지역(EEA) 국가를 포함한 다른 국가와의 경제 협력을 촉진하는 것을 목표로 하며 회원국 간의 무역 정책을 조화시켜 보다 원활한 경제적 상호 작용을 촉진하는 데 도움을 주고자 함 |
| 세계무역기구<br>(WTO) | - 세계무역기구는 스위스 제네바에 사무국을 둔 단체로 국가간 경제 분쟁에 대한 판결권과 그 판결의 강제 집행권 이용, 규범에 따라 국가 간 분쟁이나 마찰 조정 등을 목적으로, 1947년 시작된 관세 및 무역에 관한 일반협정(General Agreement on Tariffs and Trade, GATT) 체제를 대체하고자 등장함<br>- 사무국은 각 회원국들의 분담금으로 운영되고 있음 |

| 명칭 | 내용 |
|---|---|
| 국제적십자위원회<br>(ICRC) | - 국립적십자위원회는 스위스 민간 기국로 제네바 출신의 실업자 앙리 뒤낭(Henri Dunant)이 1863년에 창립함<br>- ICRC는 스위스 NGO로부터 시작한 비정부간 기구에서 국제인도법(1949, Geneva Convention)의 이행을 담당하는 기구로 인정됨<br>- 현재 각국 정부는 1864년 최초의 제네바협약을 계승한 1949년 4개 제네바협약과 1977년 2개 추가의정서를 통해 무력 충돌 피해자를 보호하고 원조하는 임무를 ICRC에 부여하고 있음<br>- 국제적십자운동의 최고 회의로서 4년마다 국제적십자 회의가 개최되며, 제네바 협약 당사국 정부 대표, 각국 적십자사 대표, 국제적십자위원회(ICRC), 국제적십자사적신월사연맹(IFRC) 등이 참석하며 ICRC의 현 총재는 미르야나 스폴자릭(Mirjana Spoljaric)임 |
| 국제적십자사·<br>적신월사연맹<br>(IFRC) | - 국제적십자사·적신월사연맹(IFRC)은 1919년 5월 프랑스 파리에서 창설되었으며 긴급구호사업, 보건 및 사회사업, 청소년사업 등 주로 무력 충돌 지역에서 평화와 관련된 활동을 하고 있음<br>- 자연재해 및 보건 응급 상황에 대한 적십자운동의 국제적 원조 활동을 지도하고 조정하며 적십자사·적신월사들의 인도적 활동을 장려하고 촉진함 |

# 1. 레만호(제네바 호수)

스위스의 보석

- ▣ Leman Lake(Lake Geneva). 스위스가 간직한 하나의 보석 레만호(제네바 호수)는 눈썹 모양처럼 동서로 길게 뻗어 있고 스위스와 프랑스 국경에 있는 헝가리의 발라톤 호수에 이어 유럽 최대의 호수임
- ▣ 제네바 호수는 가장 온난한 기후, 가장 큰 호수, 중부 유럽에서 가장 많은 양의 물을 함유한 최고의 수역으로 580km$^2$ 이상의 면적을 차지하고 있으며 호수 주변에 많은 명소가 밀접해 있어 풍부한 역사와 문화유산을 경험할 수 있고, 자연적으로도 아름답고 멋진 경치를 감상할 수 있음

• 제네바 호수

# 2. 제토 분수

세계에서 가장 높은 분수

- ▣ The Jet d'Eau. 140m 높이의 하늘로 제트형 물을 쏘아 올리는 분수. 제네바 호수 한가운데서 물을 분출하는 제네바의 주요 관광 명소 중 한 곳
- ▣ 세계에서 가장 높은 분수인 제토 분수는 1886년에 산업용 수력 시스템의 안전 밸브 역할을 하기 위해 설치되었지만 미학적 가치를 인정받아 이 장관을 관광 명소로 발전시키기 위해 1891년에 현재의 위치로 옮겨졌음
- ▣ 저녁 시간에는 분수가 조명으로 밝혀지며 다양한 색상으로 빛나는 아름다운 장관을 연출함
- ▣ 제네바의 상징적인 랜드마크로, 시의 자부심과 기술적 성취를 대표하고 도시의 매력을 더해 주는 중요한 요소임

• 레만호와 제토 분수

# 3. 자르댕 앙글레(잉글리시 가든)

영국식 정원에 위치한 꽃 시계

- ▣ Jardin Anglais(English Garden). 1855년 영국식 정원 스타일로 조성된 자르댕 앙글레는 아름다운 조경과 다양한 식물들을 감상할 수 있는 곳
- ▣ 레만 호수와 맞닿아 있어 공원을 산책하며 호수 경치를 감상할 수 있고, 공원 내부로 지나다니는 작은 기차를 타고 곳곳을 돌아볼 수 있음
- ▣ 정원 내에 있는 플라워 클락(L'Horloge Fleurie)은 1955년에 설치된, 꽃으로 만든 독특하고 아름다운 시계로, 매년 디자인이 변경되며 제네바의 상징적인 명소 중 하나로 자리 잡았음
- ▣ 약 6,500개의 꽃과 식물로 만들어져 놓칠 수 없는 볼거리를 선사하는 플라워 클락은 제네바의 시계 제조 전통을 기념하기 위해 만들어졌으며, 제네바의 자연과 기술, 그리고 예술의 결합을 상징함

• 자르댕 앙글레의 플라워 클락

# 4. UN 유럽 본부와 〈부러진 의자〉

세계 평화의 중요성을 깨달을 수 있는 제네바의 명소

▣ UN Geneva(Nations Gate). 제네바에 위치한 유엔 유럽 본부는 유럽 40개 이상의 시스템 기관과 전 세계 현장 사무소에서 행정 운영을 지원하는 국가단체 중 하나임

▣ 매년 UN 유럽 본부에서는 일상적인 활동을 통해 국제평화와 안보를 유지하고 군축을 전진시키고 인권 보호 증진, 빈곤 근절 등의 목표를 이해하고 인도주의적 구호를 제공하는 데 크게 이바지하고 있음

▣ 인권과 평화 구축을 논의하는 UN 유럽 본부 앞에는 평화를 상징하는 21세기 대표 미술작품 〈부러진 의자〉가 전시되어 있는데, 이는 유명 조각가 다니엘 버셋이 1997년에 노벨평화상을 공동 수상한 국제 비영리 조직인 '핸디캡 인터내셔널'의 의뢰로 제작한 것. 12m 높이로 우뚝 솟아 있어 웅장함과 위엄을 보여 주는 〈부러진 의자〉는 지뢰에 대항한 싸움을 상징하며 보는 이들에게 많은 교훈을 남겨 주고 있음

• UN 유럽 본부 전경

• UN 유럽 본부 앞에 전시된 〈부러진 의자〉

# 5. 종교개혁 세계기념비

종교개혁 400주년을 기념해 건립된 곳

- ▣ Mur des Réformateurs. 칼뱅을 비롯해 파렐(Guillaume Farel), 칼뱅의 후계자인 테오도르 드 베즈(Théodore de Bèze), 스코틀랜드에 장로교를 뿌리 내린 녹스(John Knox)까지 총 4명의 모습을 담은 길이 100m, 높이 10m의 돌벽에 새겨진 기념비. 제네바에서 16세기에 일어난 프로테스탄트 종교개혁 400주년, 제네바 대학 350주년 설립을 기념하기 위해 건립됨
- ▣ 얕은 부조로 장식된 성벽에는 당시 종교개혁의 슬로건인 '어둠 뒤에 빛이 있으라(Post Tenebras Lux)'라는 라틴어가 새겨져 있어 스위스 종교개혁 운동과 개신교 역사의 한 단면을 느낄 수 있음

• 종교개혁 세계기념비 왼쪽부터 위대한 설교자 파렐, 칼뱅, 드 베즈, 녹스

▣ 종교개혁을 이끈 네 명의 인물 외에도 유럽과 미국의 개신교 개혁의 개척자 또는 수호자 6명의 동상이 있으며, 전체는 오래된 요새의 해자를 연상시키는 수역으로 보호됨

• 종교개혁 세계기념비 – 종교개혁의 벽

# 6. 적십자국제박물관

평화와 인도주의를 알수 있는 박물관

- The International Red Cross and Red Crescent Museum. 국제적인 인적 도움과 인도주의의 원칙을 중심으로 한 레드 크로스(Red Cross)와 레드 크레센트(Red Crescent) 운동의 역사를 소개하는 곳
- 제네바 랭마셰 지구에 위치하고 있는 적십자 국제 박물관은 인도주의와 인간의 존엄성을 증진하기 위한 국제적인 인도주의 운동에 대한 인식을 촉진하는 데에 주력하고 있음
- 그 밖에도 전시물, 다양한 교육 프로그램 및 행사를 통해 국제적인 인적 도움의 중요성에 대해 널리 알리고 있음

• 적십자 국제 박물관 외관

## 앙리 뒤낭

### 1) 인물 개요

- 앙리 뒤낭(Henri Dunant, 1828~1910). 국제적십자위원회(ICRC)의 창립자
- 스위스의 인도주의자, 사업가, 사회운동가
- 최초의 노벨평화상 수상자

### 2) 일대기

- 1828년 스위스 제네바에서 장남으로 출생
- 1853년 알제리, 튀지니, 시칠리아를 방문
- 1858년 《튀니지의 섭정에 관하여(An Account of the Regency in Tunis)》 출판
- 1859년 솔페리노 전투로 임시병원 건립 및 부상자 대상 서비스 제공
- 1862년 제네바로 돌아와서 《솔페리노의 회상(A Memory of Solferino)》 출판
- 1863년 국제적십자위원회가 설립됨
- 1864년 제1차 제네바 협약에 서명
- 1870년대 프랑스-프로이센 전쟁으로 공동구호회를 설립
- 1897년 녹십자 여성단체 창립 촉진
- 1901년 국제적십자운동을 창설하고 최초의 노벨평화상 수상
- 1903년 하이델베르그 대학교 의과대학으로부터 명예박사 학위 수여
- 1910년 10월, "인류는 어디로 갔는가"라는 말을 남기고 세상을 떠남

# 7. 파텍 필립 시계 박물관

시간의 미학을 담은 박물관

▣ Patek Philippe Museum. 제네바에 있는 유명한 고급 시계 제조사인 파텍 필립의 역사와 컬렉션을 전시하는 박물관으로, 시계 제조의 역사, 기술, 디자인 등을 소개함

▣ 2001년에 개장한 파텍 필립 박물관은 지역 중심부에 위치하고 있으며 파텍 필립 브랜드의 가장 권위 있는 작품뿐만 아니라 제네바, 스위스, 유럽에서 유래한 16세기부터 19세기까지의 특별한 시계 컬렉션, 뮤지컬 오토마타, 에나멜 미니어처를 전시함

▣ 박물관 내에는 시계학 및 관련 주제를 전담하는 도서관이 있음

• 파텍 필립 시계 박물관 외관

4

# 베른

## 1. 베른 개황

### 1) 개요

▣ 스위스의 수도인 베른(Bern)은 아름다운 건축물로 가득한 도시로 1983년 유네스코 세계문화유산 도시로 등재됨

▣ 면적: 51.62km$^2$

▣ 인구: 약 14만 명(2020년 기준)

▣ 위치: 스위스의 서중부

▣ 기후: 냉대 습윤 기후(일부에서는 서안 해양성 기후도 띰)

▣ 시장: 알렉 폰 그라펜리드(2021년~ )

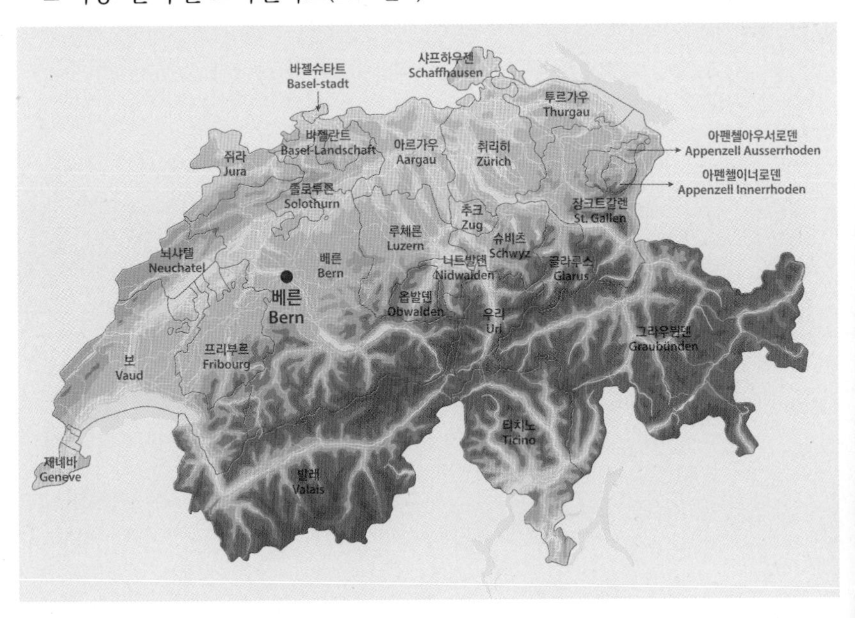

• 베른 전경 출처: www.shutterstock.com

■ 베른 시내 중심 지도

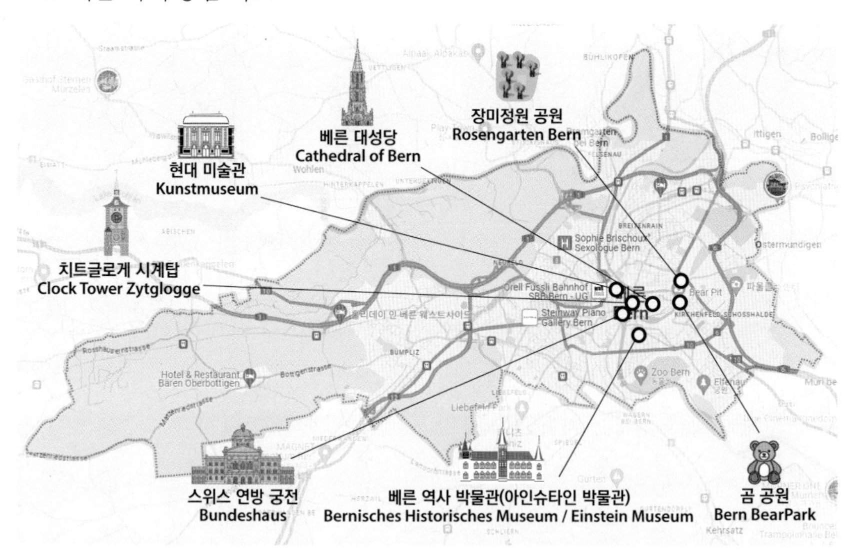

■ 약사

| 연도 | 역사 내용 |
|---|---|
| 1191년 | 군사 요새로서 건설 |
| 1323년 | 스위스 삼림주와 동맹을 맺음 |
| 1353년 | 구 스위스 연방에 가입함 |
| 1803~1814년 | 나폴레옹의 스위스 연방 6개 주 중 하나였음 |
| 1848년 | 스위스 연방 헌법이 제정되면서 스위스의 수도 역할을 하게 됨 |
| 1983년 | 도시 전체가 유네스코 세계문화유산에 등재됨 |

■ 주요 특징

- 베른은 곰의 도시라는 뜻으로 스위스에서 취리히, 제네바, 바젤에 이어 네 번째로 큰 도시이며 10개의 행정구역으로 구성됨
- 1983년 도시의 구시가지가 유네스코 세계문화유산으로 등록됨
- 중세 건축물, 아케이드, 상징적인 시계탑으로 유명하며 세계에서 가장 삶의 질이 뛰어난 10대 도시에 선정되기도 함
- 스위스 연방 정부의 소재지이기도 하며 만국우편연합(UPU) 본부가 있으며 이곳에서 저작권을 국제 차원에서 보호하는 국제 협약인 베른 협약을 맺기도 함
- 이중 언어를 사용하는 주(州)로 독일어와 프랑스어를 모두 사용함

■ 경제 현황

- 베른은 경제의 중심지로서 목축업과 치즈 생산으로 잘 알려져 있으며 다른 주요 산업으로는 가죽 공정과 가죽 수출 등이 있음
- 스위스의 중앙에 위치하여 교통이 편리하고, 스위스 각지와도 철도로 연결되어 있어 정밀기계, 섬유, 화학, 약품, 초콜릿, 인쇄 등의 공업이 발달했음
- 시계 제작, 헬스케어, 식품, 통신, 정밀 산업 등 다양한 분야의 글로벌 기업들이 이곳에 위치해 있으며 3차 산업군에서 가장 많은 취업이 이루어지고 세부 분야로는 도·소매, 차량 수리, 물류, 호텔 및 레스토랑, 정보 산업, 금융업, 교육, 보건 분야 등에서 구인 구직이 활발함

※ 3차 산업: 주로 인간에게 서비스를 제공하여 주는 것으로 교통, 상업, 국제무역, 관광업 등이 여기에 속하며 운수, 통신, 금융, 보험, 유통, 외식 산업 등의 산업이 포함됨

## 2) 주요 축제 및 이벤트

▣ 베른 카니발(Bern Carnival)

- 스위스 3대 카니발로 꼽히는 베른의 카니발은 1982년부터 시작하여 매년 2월에 개최하고 있음
- 베른을 상징하는 동물인 곰을 감옥 탑 안에 가둬 놓는데 시끌벅적한 '이쉬벨테(Ychüblete)' 드럼 연주로 곰을 동면에서 깨우며 카니발이 시작되며 구겐 음악대(Guggenmusik-Cliques: 카니발 음악대)는 6km의 베른 아케이드 통로를 따라 행진함
- 베른 시민들의 자주성을 드러내는 역할을 했던 이 행사는 베른에서 봄을 맞이하는 성대한 축제가 됨

• 베른 카니발

출처: 스위스정부관광청 digitalchosun.dizzo.com

# 1. 치트글로게 시계탑

베른의 대표적인 랜드마크

- ▣ Clock Tower Zytglogge. 베른의 상징이 되고 있는 중세 시대의 시계탑으로, 13세기에 건축되었으며, 이후 1405년 대화재 이후 재건되어 현재의 시계탑 역할을 하게 되었음
- ▣ 마르트가세가 끝나는 교차로에 위치해 있는 치트글로게 시계탑은 1530년 완성된 움직이는 형상물과 화려하게 장식된 천문시계로 매시 정각 4분 전이면 시계에 장치된 인형이 종을 울리기 위해 움직이기 시작하고 이어서 곰이 나타나고 마지막엔 시간의 신 크로노스가 모래시계를 뒤집어 놓으면 인형이 망치로 종을 두드리는 정교한 인형극을 보여 줌
- ▣ 관광객들은 치트글로게 시계탑 내부를 투어할 수 있으며 시계 장치와 탑의 역사에 대해 알게 되고, 탑의 정상에 올라가 베른 시내와 주변 경관을 조망할 수 있음

• 치트글로게 시계탑

# 2. 연방의사당

스위스의 정치적 중심지

▣ Bundeshaus. 스위스 연방정부의 중심지로 의회와 연방 정부의 주요 업무가 이루어지는 곳이며 스위스의 정치적 심장부로서 중요한 역할을 하며 독특한 건축 양식과 역사적 의미로도 유명함

▣ 1848년 스위스 수도가 베른으로 공표되고 난 후 1857년에 착공되어 1902년에 완공되었고 건물은 신고전주의와 르네상스 양식을 결합한 웅장한 디자인으로 중앙 돔을 포함한 대규모의 구조물은 스위스의 연방주의와 민주주의를 상징함

▣ 서쪽과 동쪽으로 넓게 대칭을 이루고 있는 연방의사당은 스위스 전역에서 온 28인의 예술가가 의사당 건물 장식을 책임졌다고 알려짐

▣ 건물의 중앙 돔은 연방의사당의 가장 눈에 띄는 특징 중 하나로, 스위스의 연방주의를 상징하는 26개의 주를 대표하는 상징물들이 장식되어 있으며 돔 내부는 웅장한 모자이크와 유리창으로 꾸며져 있음

▣ 연방의사당 광장은 2004년부터 국민에게 개방되어 각종 이벤트 및 만남의 장소로 열린 공간으로 이용되고 있음

• 연방의사당 외관

• 연방의사당과 광장

# 3. 장미 정원

220여 종의 장미와 아름다운 경관

▣ Rosengarten. 220여 종의 장미와 200여 종의 아이리스가 봄부터 가을까지 앞다투어 만개하며 베른 구시가지와 아레강을 내려다볼 수 있는 언덕 위에 자리 잡고 있어 뛰어난 경관을 자랑함

▣ 베른 시내에서 도보로 약 15분 정도 거리에 위치해 있어 접근이 용이하며 베른의 자연과 도시 풍경을 동시에 즐길 수 있는 장소임

• 장미 정원 풍경

# 4. 아인슈타인 생가

천재 물리학자의 생애

- Einstein Haus. 베른에 위치한 아인슈타인의 옛 거주지로, 현재는 박물관으로 운영되고 있으며, 알베르트 아인슈타인이 1902년부터 1905년까지 거주했던 곳임
- 알베르트 아인슈타인은 크람가세(Kramgasse) 49번지에 위치한 이 아파트에서 거주했으며 이 시기의 아인슈타인은 혁신적인 논문을 발표하고 특허청에서 일하던 시기임
- 아인슈타인 하우스는 아인슈타인의 생애와 업적을 기념하는 전시물들로 가득하며 그의 생활 공간을 재현한 가구와 개인 물품들이 전시되어 있고 아인슈타인의 과학적 업적과 관련된 다양한 자료와 사진이 전시되어 있음

• 아인슈타인 생가 입구

## 알베르트 아인슈타인 - 세계 최고의 천재

### 1) 인물 개요

▣ Albert Einstein(1879~1955). 독일 태생의 이론 물리학자이자 철학자

▣ 특수 상대성 이론과 일반 상대성 이론을 제기

▣ 최고의 천재이자 위대한 물리학자로 유명

### 2) 일대기

▣ 1879년 3월 독일 제국 울름의 유대인 가정에서 출생

▣ 1892년 12세의 나이로 기하, 미적분학 독학, 피타고라스의 정리 증명 발견

▣ 1895년 스위스로 이사

▣ 1896년 스위스 아르고비안 칸토날 학교 중등교육 수료

▣ 1900년 첫 논문인 〈모세관 현상으로의 결론〉이 물리학 연보 저널에 기재

▣ 1905년 광양자설, 브라운 운동의 이론, 특수상대성 이론 발표

▣ 1909년 베른 대학교 부교수 임명

▣ 1915년 일반 상대성 이론 완성

▣ 1917년 우주 구조와 진화 연구하는 현대우주론의 기반 마련

▣ 1921년 노벨 물리학상 수상

▣ 1933년 히틀러의 집권으로 미국으로 이주

▣ 1939년 루스벨트 대통령에게 핵무기 연구에 참여할 것을 권고하며 지원 요청

▣ 1940년 전미 유색인종 발전협회(NAACP) 가입

▣ 1946년 펜실베이니아주 링컨대학교 명예 학위를 받음

▣ 1955년 4월 세상을 떠남

# 5. 베른 역사 박물관과 아인슈타인 박물관

스위스의 역사적 유산과 아인슈타인의 위대한 업적

### 1) 베른 역사 박물관

- ▣ Bernisches Historisches Museum. 1894년 설립된 베른 역사 박물관은 스위스에서 두 번째로 큰 문화 역사 박물관으로, 스위스와 베른 지역의 역사와 문화를 다루는 다양한 전시품을 소장하고 있고 알베르트 아인슈타인 박물관과 함께 운영되며, 스위스의 중요한 문화유산을 보존하고 전시하는 역할을 함
- ▣ 베른 역사 박물관은 베른주의 선사시대부터 현대까지의 스위스 역사와 문화를 다루는 약 50만 점의 유물과 예술품을 소장하고 있으며 다양한 컬렉션으로 방문객들에게 스위스의 역사적 유산을 깊이 있게 전달함

• 베른 역사 박물관과 아인슈타인 박물관 외관

## 2) 아인슈타인 박물관

■ Einstein Museum. 베른 역사 박물관의 일부로 운영되며, 세계적으로 유명한 물리학자 알베르트 아인슈타인의 생애와 업적을 집중 조명하는 박물관으로, 그의 연구가 현대 과학에 미친 영향을 이해할 수 있는 다양한 전시물을 제공함

▣ 주요 전시 내용은 아인슈타인의 생애, 과학적 업적, 개인적 유물 등으로 알베르트 아인슈타인의 위대한 업적을 기리며, 방문객들은 그의 삶과 과학적 탐구를 통해 인류의 지적 역사에 대한 깊은 통찰을 얻을 수 있음

• 아인슈타인 박물관 내부

# 6. 베른 구시가지

유네스코 세계문화유산에 등재된 중세의 거리

▣ 중세 시대의 아름다운 건축물과 오래된 거리로 유명한 베른 구시가지는 유럽에서 가장 아름다운 중세 도시 중 하나로 손꼽히며, 유네스코 세계문화유산에 등재되어 있음

▣ 6km에 이르는 구시가지는 베른 대성당, 치트글로게 시계탑, 베른 시청, 베른의 구시가지 거리와 광장이 위치해 있어 아름다움과 역사적인 가치를 갖고 있음

▣ 구시가지는 돌로 덮인 좁은 길과 많은 상점, 레스토랑, 카페로 유명하며 이곳을 거닐면 아름다운 풍경을 감상할 수 있고, 중세 시대로 돌아간 듯한 분위기로 역사와 문화적인 경험을 즐길 수 있음

• 베른 구시가지 풍경

# 7. 오메가 & 스와치 박물관

세계 최대의 목조 건물

▣ BIEL Omega & Swatch Museum(Cité du Temps). 오메가와 스와치 시계 그룹인 스와치 그룹은 2019년 다양한 시계 브랜드와 관련 제품을 전시하며 시계 산업의 발전과 기술을 소개하기 위해 오메가 & 스와치 시계 박물관(Cité du Temps)을 빌(Biel) 지역에 건립함

▣ 2개 언어권이 교차하는 지역으로 독일어로 '빌(Biel)', 프랑스어로 '비엔느(Bienne)'라 불리는 이곳은 스위스 시계 산업의 메트로폴리스이자 아름다운 호수로 유명하며 전통 가득한 시계의 수도로 인기 브랜드인 스와치, 오메가 본사 등을 만나 볼 수 있음

▣ 오메가 & 스와치 박물관은 프리츠커상 수상자인 건축가 반 시게루에 의해 설계되었으며 목재 건축물로 이루어진 240m 길이의 뱀처럼 늘어선 자연친화적 건물 안에서는 아인슈타인, 존 F 케네디 등 명사가 애용한 것으로 알려진 오메가에 대한 알찬 전시물과 함께 1885년부터 현대까지 달하는 오메가 시계의 역사, 최초의 작업대 등 4,000여 개에 이르는 컬렉션을 만나 볼 수 있음

▣ 오메가 & 스와치 박물관(Cité du Temps)은 시간의 도시라는 뜻을 가지고 있고 오메가의 창립 이래 다양한 시계들을 전시하며, 스와치와 오메가 시계의 디자인과 기능에 대한 혁신적인 측면을 강조함. 시계 제조에 대한 심도 있는 이해와 스와치와 오메가의 세계적인 영향력에 대해 알 수 있음

• 오메가 & 스와치 박물관 외관

5

# 루체른

## 1. 루체른 개황

- 루체른(Luzern)은 유럽에서 가장 아름다운 도시이자 스위스 중부에서 가장 인구가 많은 도시로 중세의 문화와 자연미가 잘 어우러진 도시임
- 면적: 29.1km²
- 인구: 약 8만 명
- 위치: 스위스 중부 루체른주
- 기후: 서안 해양성 기후(여름은 선선하고 겨울은 따뜻함)
- 시장: 비트 휘슬리(2016년~)

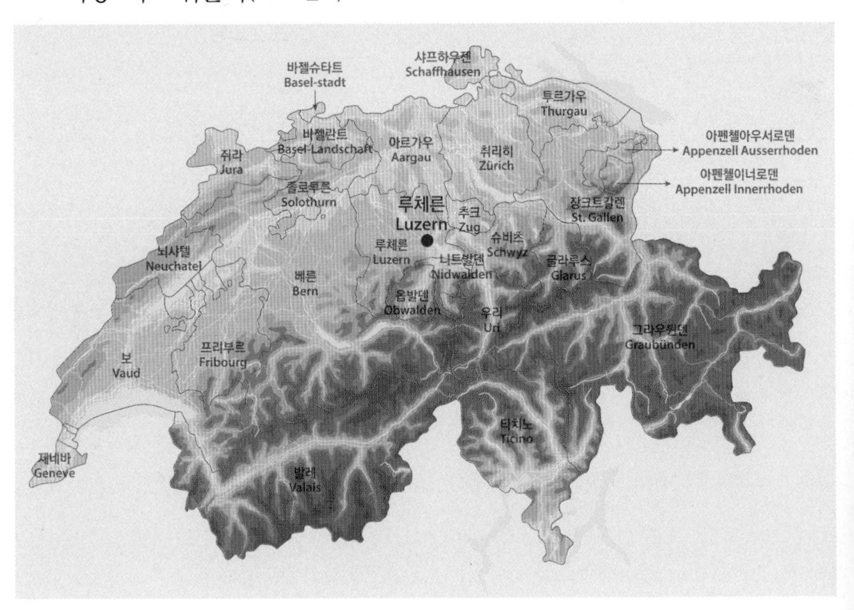

• 루체른 시내

## ▣ 루체른 시내 중심 지도

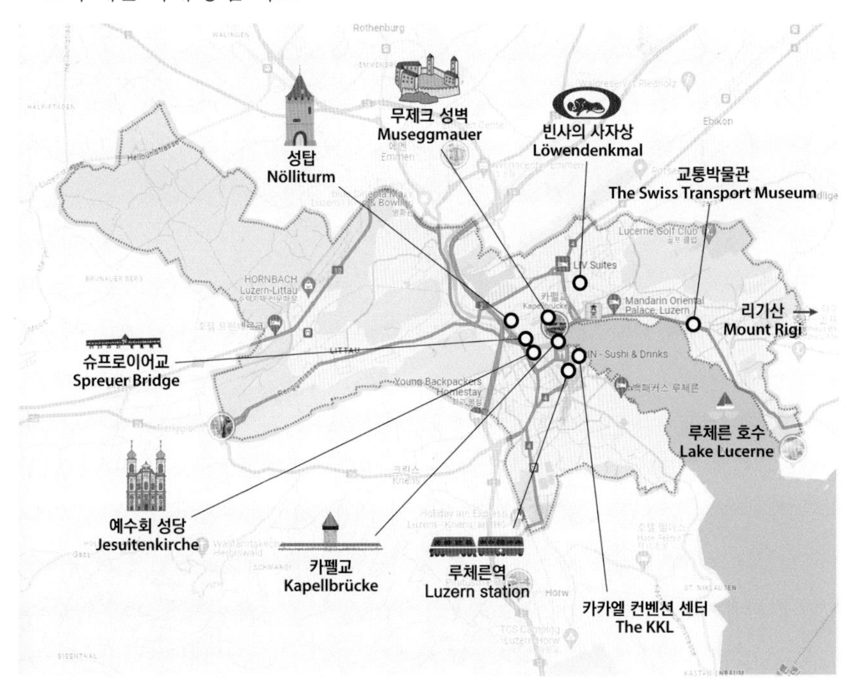

■ 약사

| 연도 | 역사 내용 |
|---|---|
| 8세기 | 산 레오데가 수도원이 설립됨 |
| 1178년 | 행정권이 수도원에서 시민의 손에 넘어감(이때를 루체른 탄생의 해라고 봄) |
| 13세기 | 고트하르트 고개 개통으로 교역지로 발전함 |
| 1291년 | 합스부르크 가문의 압박으로 자치권이 감소함 |
| 1332년 | 우리, 슈비츠, 운터발덴과의 동맹을 성립힘 |
| 1386년 | 젬파흐 전투에서 합스부르크 군대를 패배시킴 |
| 1408년 | 무제크 시벽이 완공됨 |
| 2007년 | 리트타우의 주민 투표로 흡수 합병이 결정됨 |
| 2010년 | 흡수 합병안의 효력 발생으로 인구 약 7만 9,000명으로 스위스 7번째 도시가 됨 |
| 2021년 | 동계 유니버시아드 개최지로 선정됨 |

■ 주요 특징

- 알프스산맥에 걸쳐 있는 스위스에서도 가장 아름다운 도시 중 하나로 손꼽히는 루체른은 '빛의 도시'라는 의미로 8세기경 베네딕투스의 수도원이 처음 설립되면서 형성됨
- 도시 형성 후 무역 중심지로 힘을 키워 지금 스위스를 대표하는 관광도시로 거듭났으며 연중 수상, 산악 스포츠, 하이킹 등으로 유명함
- 전통과 현대가 나란히 존재하는 루체른은 혁신적인 디자인으로도 큰 명성을 얻고 있음
- 지리적으로 스위스의 중부에 위치한 루체른은 수도 베른에서 열차로 1시간 반, 북쪽 취리히와 남쪽 인터라켄과 약 1시간 거리에 있음
- 또한 인근 알프스의 휴양지로 가는 관문이며, 독일과 이탈리아 사이의 많은 교통량이 이 지역을 가로지름
- 루체른은 스위스의 건국 신화와도 관련이 깊은 도시로 아들의 머리 위에 놓인 사과를 활로 쏘아 맞춘 빌헬름 텔의 활동 무대였을 뿐만 아니라 합스부르크 왕가에서 독립한 스위스 연방의 발상지이기도 함
- 바그너·슈트라우스·토스카니니 등이 루체른에서 연주 활동을 했으며 슈베

르트·브람스·파가니니 등 후기낭만파 음악가들이 이곳에서 수많은 작품을 남겼음

- 세계적인 음악 축제인 루체른 페스티벌(Lucerne Festival)이 부활절, 여름 및 11월에 세 번 개최되는데 오페라 없이 순수한 관현악곡으로 이루어진 실내악, 교향곡 페스티벌로 구성됨

▣ 경제 현황

- 루체른주의 토지 대부분은 농업에 사용되고 있으며 가장 중요한 농산물은 작물, 과일 및 가축 사육이라고 볼 수 있음
- 산업은 섬유, 기계, 종이, 목재, 담배 및 야금 제품에 집중되어 있음
- 루체른은 주요 스위스 기업들이 위치한 지역으로 지속적인 세금 인하 정책으로 스위스에서 가장 사업 친화적인 칸톤으로 발전함
- 루체른의 최초의 수출 지향적인 산업 분야 중 하나는 14세기부터 시작된 낫 생산이며 도시의 대장장이들이 낫을 생산하여 서부 스위스와 북부 이탈리아로 수출했음
- 루체른주는 인근 알프스 휴양지로 통하는 관문이며, 독일과 이탈리아 사이의 많은 교통량으로 관광업이 발달함

# 1. 루체른 호수

네 개의 숲이 우거진 마을의 호수

▣ Lake Lucerne. 스위스 독립의 근원지이자 빌헬름 텔의 전설이 서려 있는 루체른 호수는 114km²의 규모를 자랑하고 스위스에서 가장 아름답기로 유명한 호수이며 온화한 호수 기후가 특징임

▣ 루체른 호수를 중심으로 루체른, 슈비츠, 우리, 운터발덴 주가 함께 맞닿아 있는데 이 4개의 주는 모두 스위스 건국사와 밀접해 역사적으로 매우 의미 있는 곳임

▣ 루체른에서 시작해 플뤼엘렌(Flüelen)까지 운행하는 유람선을 타고 스위스 건국 신화의 주인공 빌헬름 텔의 자취를 따라 유람한다면 더욱 뜻깊은 여행이 될 것임

• 루체른 호수

# 2. 카펠교

루체른의 역사와 상징

▣ The Chapel Bridge. 루체른의 역사와 상징인 카펠교는 1333년에 세워진 유럽에서 가장 오래된 지붕이 있는 목조 다리로 원래 루체른을 방어하기 위해 세워진 성벽의 일부였으며 단지 강을 건너는 수단이 아니라 수 세기의 역사가 담겨 있는 상징물로 여겨짐

▣ 카펠교를 걷다 보면 머리 위로 100여 점의 17세기 판화 작품을 감상할 수 있으며 스위스는 물론 도시의 수호성자인 생 레오데가르(St. Leodegar)와 생 모리스(St. Maurice)의 일대기 등 스위스는 물론 루체른의 역사적 장면들을 담고 있음

• 카펠교와 팔각 수상탑

# 3. 카카엘 컨벤션 센터

루체른 문화와 예술의 중심지

▣ The KKL(Kunst und Kongresshaus Luzern). 전통과 현대가 나란히 존재하는 루체른은 혁신적인 디자인으로도 유명한데 카카엘 컨벤션 센터는 미래 지향적인 문화 컨벤션 센터임. 세계적인 프랑스 건축가 장 누벨의 작품으로 축제의 도시 루체른에 걸맞는 랜드마크이자 다양하고 풍성한 문화 행사 장소

• 카카엘 컨벤션 센터

▣ 2000년 개관하여 루체른의 문화와 예술, 회의 및 행사 관련 산업을 촉진하기 위해 건립되었으며 현대 미술관, 배 모양을 모티브로 한 아름다운 콘서트홀, 컨벤션홀 등으로 이루어진 카카엘에서 일 년에 세 번 루체른 페스티벌이 열리고 카카엘과 루체른 호수에 비친 또 다른 카카엘의 아름다운 조화는 루체른 도시의 매력을 더해 줌

• 카카엘 컨벤션 센터

# 4. 무제크 성벽

중세의 요새

▣ Musegg Wall(The old city wall). 루체른에 위치한 역사적인 요새로, 14세기에 건설되었으며 도시를 외부 위협으로부터 보호하기 위한 방어 구조로 사용되었고 9개의 탑으로 이루어져 있음

▣ 무제크 성벽의 9개 탑 중 하나인 치트 탑에는 도시에서 가장 오래된 시계가 있는데 일반 시계보다 항상 1분 더 빨리 울리는 것이 재미있는 특징임

▣ 루체른의 아름다운 경치를 감상할 수 있는 장소로도 유명한 무제크 성벽은 루체른 시내와 호수, 알프스의 산을 한눈에 감상하고 싶다면 반드시 방문해야 할 장소임

• 무제크 성벽

# 5. 히르센 광장

활기찬 도심 속의 여유로운 공간

▣ Hirschenplatz. 카펠 광장, 곡물 시장 광장, 와인 시장 광장과 함께 루체른의 중심 광장 중 하나로 히르센 광장을 중심으로 다양한 기념품 가게와 상점이 모여 있음

▣ 관광객과 현지 주민들이 모여 다양한 활동을 즐기는 장소 중 하나인 히르센 광장은 주변에 역사적인 건물들과 아름다운 건축물들이 있어 도시의 매력적인 경치를 감상할 수 있음

▣ 자전거 타기나 산책 등 도심의 분주한 분위기 속에서 약간의 여유를 즐길 수 있고, 현지인들의 생활을 엿볼 수 있는 공간임

• 히르센 광장

# 6. 빈사의 사자상

세상에서 가장 슬프고 가슴 아픈 조각품

- The Lion Monument. 1792년 프랑스 혁명 당시 마지막까지 마리 앙투아네트와 루이 16세가 머물던 튈르리 궁전을 지키다가 단 한 명도 남김 없이 전사한 786명의 스위스 용병들을 기리기 위해 베르텔 토르발센(Bertel Thorvaldsen)이 디자인하고 루카스 아홍(Lukas Ahorn)이 조각하여 1820년에 만들어졌음
- 빈사의 사자상은 죽어가는 사자가 측면으로 누워 있으며 몸에 꺾인 창이 꽂혀 있는 모습으로 표현되어 있고 사자 위에는 프랑스 왕실의 플뢰르 드 리(Fleur-de-lis)가 있는 방패가, 사자 아래에는 '스위스의 충성과 용맹을 기리며'라는 뜻의 라틴어 문구가 새겨져 있음
- 미국의 문학적 거장 마크 트웨인(Mark Twain)은 빈사의 사자상을 '세상에서 가장 슬프고 가슴 아픈 조각품'이라고 칭하기도 했는데, 실제로 보면 사자의 눈에서 금방 눈물이 떨어질 것 같은 느낌을 받음
- 빈사의 사자상은 희생과 용감함의 상징이자, 스위스의 귀한 역사적 유산 중 하나로 손꼽힘

• 모래석 벽에 조각된 빈사의 사자상

# 7. 리기산

산들의 여왕

▣ Mount Rigi. 슈비츠주와 루체른주 사이에 위치한 아름다운 산으로, '산들의 여왕(Queen of the Mountains)'이라는 별칭을 가지고 있으며 최고봉인 리기 쿨름(Rigi Kulm)의 높이는 해발 1,797m임

▣ 오랜 관광의 역사를 갖춘 리기산은 비츠나우(Vitznau)와 아르트 골다우(Arth-Goldau)에서 출발하여 리기 쿨름까지 운행되는 세계에서 가장 오래된 산악 철도가 있는 곳이며 이 철도는 1871년에 유럽 최초로 만들어짐

▣ 리기산에서는 루체른 호수, 추크 호수, 그리고 알프스산맥의 멋진 파노라마 뷰를 감상할 수 있고, 날씨가 맑으면 독일의 블랙 포레스트와 프랑스의 보주 산맥까지 볼 수 있음

• 리기산 전망

# 8. 비츠나우

리기산 산악 철도의 출발점

- Vitznau. 목가적인 루체른 호수 만에 위치하며 리기산 기슭에 자리한 작은 마을로, 아름다운 자연경관과 관광 명소로 유명하고 특히 리기산으로 올라가는 산악 철도의 출발점 중 하나로 잘 알려져 있음
- 리기산을 포함하여 호수 주변의 다양한 여행지로 이동할 수 있는 기점이 되는 비츠나우는 톱니바퀴 열차로 비츠나우에서 출발해 리기 쿨름까지 이동할 수 있음
- 비츠나우는 루체른 호수의 동쪽 기슭에 위치해 있어, 호수의 아름다운 경치와 수상 스포츠를 즐길 수 있으며, 리기산의 주요 지점인 리기 칼트바트(Rigi Kaltbad)까지 운행하는 케이블카를 타고 올라가면서 멋진 풍경을 감상할 수 있음

• 루체른 호수와 비츠나우 전경

# 9. 베기스

스위스의 리비에라

▣ Weggis. 해발 고도 435m의 루체른 호숫가에 위치한 작은 휴양 마을로, 매우 온화한 기후와 풍부한 일조량의 혜택을 받고 있는 지역. '푄' 현상으로 인해 맑은 날이 지속되고, 루체른 호수 건너편의 경치까지 매우 또렷이 감상할 수 있음

▣ '산들의 여왕'이라 불리는 리기산의 남쪽 면에 위치해 종종 중부 스위스의 '리비에라'라고 불리며 미국인 작가이자 여행 기고가인 마크 트웨인은 1887년 베기스에 관하여 '가장 사랑스러운 장소'라고 언급했음

▣ 베기스에서 시작하여 리기산 중턱의 햇빛의 섬 리기 칼트바트까지 이어지는 케이블 노선은 확 트인 경관을 자랑함

• 베기스 전망

# 6

# 바젤

## 1. 바젤 개황

- ▣ 면적: 23.91km$^2$
- ▣ 인구: 17만 명
- ▣ 위치: 스위스 북서쪽 라인 강변, 프랑스와 독일의 접경 지대
- ▣ 기후: 해양성 기후, 겨울은 흐리고, 여름은 따뜻하고 덥고, 습함
- ▣ 시장: 루카스 엥겔베르거(2024년~)

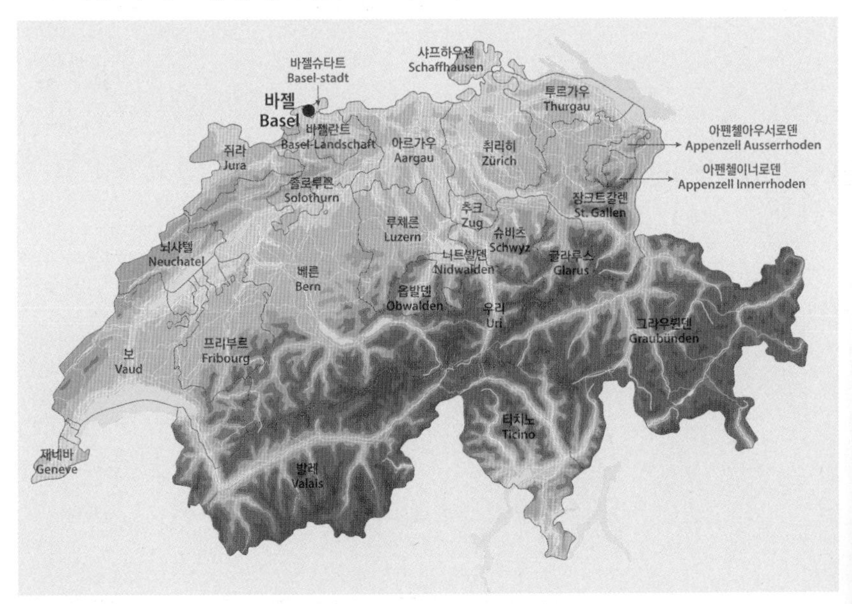

• 바젤 전경

## ▣ 바젤 시내 중심 지도

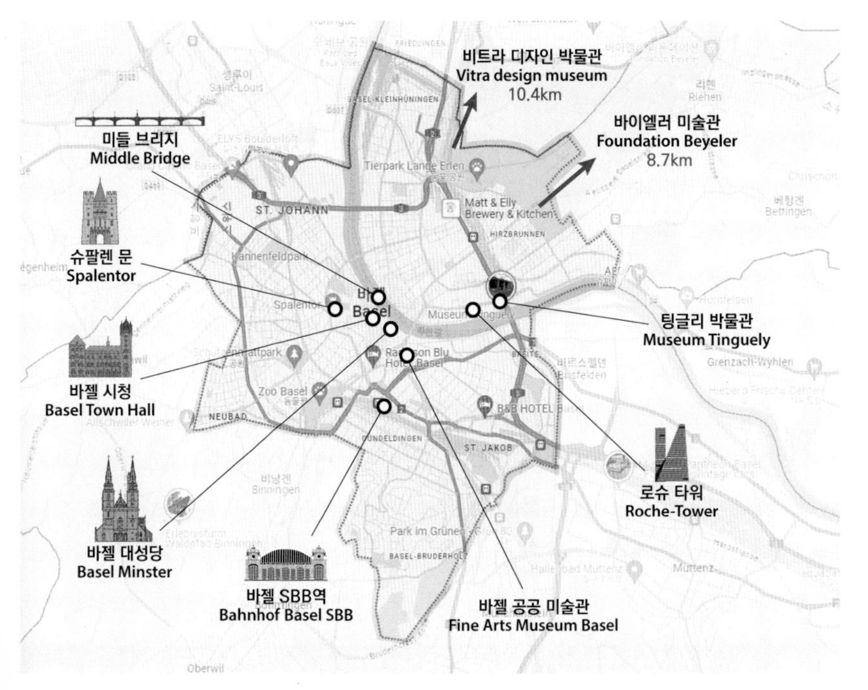

■ 약사

| 연도 | 역사 내용 |
|---|---|
| 서기전 2세기 | 라우리치 마을이 바젤-가스파브릭 터에 설립됨 |
| 서기전 1세기 | 로마와의 전투에서 로울링 라우리치가 바젤 대성당 위치에 정착함 |
| 서기전 44년 | 로마가 동쪽 20km 떨어진 곳에 로마 정착촌 아우구스타 라우리카 건설 |
| 83년 | 바젤이 로마의 게르마니아 슈페리어 지방에 편입됨 |
| 406년 | 알레마니족이 라인강을 건너 바젤 및 주변을 정복함 |
| 7세기 | 최초의 성당이 하이토 주교 주도로 세워짐 |
| 870년 | 바젤이 동프랑크로 넘어감 |
| 917년 | 마자르족의 침입으로 파괴되었다가 재건됨 |
| 1032년 | 신성로마 제국에 편입됨 |
| 999년 | 부르고뉴의 루돌프 3세가 권한을 주교에게 넘김 |
| 13세기 | 약 15개의 길드를 설립함 |
| 1349년 | 흑사병을 퍼트렸다며 길드가 유대인을 학살함 |
| 1459년 | 바젤 대학을 설립함 |
| 1499년 | 바젤 조약을 통해 신성로마 제국으로부터 독립함 |
| 1501년 | 스위스 연방 가입함 |
| 1529년 | 요하네스 오콜람파디우스 주도하에 개신교로 전환함 |
| 1897년 | 바젤이 세계 시오니즘 의회 장소로 선택됨 |
| 20세기 | 화학 및 제약 산업의 중심지로 성장함 |

■ 주요 특징

- 바젤은 스위스 바젤슈타트주의 주도이며 프랑스, 독일과 국경을 접한 국경 도시로 교통의 요충지임
- 주민의 3분의 2는 프로테스탄트이며 대부분이 독일어를 사용함
- 내륙국 스위스를 바다와 연결시키는 위치에 있으며, 1924년에 신설된 라인항은 공업 원료, 연료를 수입하고 제품을 수출함
- 본래 섬유공업이 활발했던 곳으로 특히 염색업은 오랜 역사를 지니고 있으며 시가는 라인강을 사이에 두고 오른쪽은 공업지역, 왼쪽은 상업과 문화의

중심지로 나누어져 있음

- 르네상스 이후 상업 중심지로 번성했으며 글로벌 화학 및 제약 거대기업들이 본사를 두고 있음
- 1917년 이래 해마다 4월에는 스위스산업박람회가 열리고 매년 6월에는 세계 최대 아트페어 중 하나로 꼽히는 '아트 바젤'이, 매해 3월에는 세계적인 시계 발표회인 '바젤 월드'가 개최되는 곳으로 유명시계 회사들이 이 발표회에서 신작 시계를 발표함
- 바젤에서 매년 6월 열리는 국제 미술박람회인 '아트 바젤'은 세계 3대 아트페어 중 하나로 세계 각국의 300여 개 유명 갤러리에서 출품한 수준 높은 현대 미술 작품을 전시함
- 아트 바젤은 에른스트 바이엘러가 1970년에 처음 개최한 이후 해마다 4일 동안 열리며 그림, 조각, 설치, 사진, 판화, 비디오, 멀티미디어 예술뿐만 아니라 퍼포먼스도 진행됨
- 유럽의 3개 국가의 국경이 접하는 국경 도시로 프랑스, 독일과 교통 시설을 공용하는 사례로 유명함(바젤 공항은 인근 프랑스 영토에 위치해 뮐루즈와 공동으로 운영)
- 세계적인 인기를 자랑하는 테니스 황제 로저 페더러의 고향이자 현재 거주지이기도 함

▣ 경제 현황

- 바젤은 취리히에 이어 스위스에서 두 번째로 큰 경제 중심지로, 주크와 제네바를 앞질러 1인당 GDP가 스위스에서 가장 높음
- 바젤의 주력 산업은 화학과 제약업으로 노바티스, 클라리안트, 호프만-라로체, 바실레아, 액텔리온 등 거대 기업들이 바젤에 본사를 두고 있음
- 바젤의 수출액 중 94% 이상이 화학 및 제약업종 제품에서 나오며 스위스 수출의 20%를, 국내 생산물의 3분의 1을 생산하고 있음
- 은행업은 바젤의 또 다른 주요 산업으로 1930년 설립된 세계 상업은행 시스템의 표준이되는 국제결제은행(BIS)가 이곳에 본부를 두고 있음

▣ 주요 축제-파스나흐트

- 카니발을 뜻하는 파스나흐트는 스위스에서 가장 크고 인기 있는 축제로 1520년 종교개혁 이후부터 시작되어 다른 지역에서는 중단되었으나 바젤에서만 계속 지속되고 있음
- 매년 2~3월, 사순절이 시작되는 재의 수요일의 다음 주 월요일부터 사흘 동안 이어지며 각 요일마다 독특한 내용으로 진행됨
- 카니발 기간 동안 파스네흐틀러라고 불리는 1만 8,000여 명의 참가자들은 라인강 주변의 다른 도시들에서 열리는 카니발과는 달리 참가자들과 관중이 완전히 분리되어 진행됨
- 사람들은 지난 1년 동안의 일들을 '슈니첼방'이라는 노래로 만들어 부르고 한 해 동안 일어난 일들을 풍자적으로 패러디해 가장행렬의 소재로 삼음
- 월요일 새벽 4시에 요란스러운 복장을 한 밴드가 파이프와 드럼을 연주하며 축제의 시작을 알리며 월요일과 수요일에는 '라브르'라는 마스크를 포함한 다양한 디자인을 입은 사람들이 행진을 벌이며 정치인이나 우스꽝스러운 인물, 동물들을 흉내내기도 함
- 화요일은 어린이와 가족들을 위한 날로 어린이와 부모들이 장난감 악기를 들고 거리를 행진함
- 축제 기간 동안 마르크 광장과 클라라 광장에서는 음악회가 열리고 뮌스터 광장에는 3일 밤 내내 많은 등이 내걸려 장관을 이룸

• 파스나흐트 출처: www.wishbeen.co.kr

# 1. 바젤 시청

붉은 사암과 벽화가 어우러진 500년 명소

- ▣ Basel Town Hall. 시장 광장에 있는 바젤 시청은 16세기부터 건축이 시작되었으며, 여러 번의 확장과 개조를 거쳐 오늘날의 모습을 갖추게 되었고 붉은 사암과 벽화가 어우러진 500년 명소임
- ▣ 프라이에 슈트라세가 북쪽에서 끝나는 광장 오른쪽으로 대성당과 함께 바젤의 양대 명소에 손꼽히는 타운홀이 있으며 진홍에 가까운 붉은 빛 청사가 시선을 집중시킴
- ▣ 건물 전면 파사드의 벽화에는 스위스를 구성하는 도시들의 문장과 역사에 전해 내려오는 전설적 영웅들이 그려져 있음

• 바젤 시청

# 2. 바젤 대성당

라인강의 교회

▣ The Münster. 라인강 위 눈에 띄는 곳에 위치하고 있으며 붉은 사암 건축물과 채색된 기와로 바젤의 멋진 도시 경관에 매력 요소를 더해 줌

▣ 바젤 대성당은 높은 탑으로 유명하며 이 성당의 탑은 바젤 시내에서 가장 높은 구조물 중 하나로, 성당 내부에서는 고딕 양식의 아름다운 아치, 스테인드글라스 창문, 그리고 예술적인 조각상들을 감상할 수 있음

▣ 바젤의 역사와 문화적 중요성을 대표하는 건축물로 음악 행사, 예배 등의 풍부한 전통을 지닌 다양한 역사를 돌아볼 수 있는 장소로 관광객들에게 사랑받고 있으며 종교인들에게도 신앙심을 담아 찾는 중요한 성지로 여겨짐

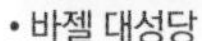

• 바젤 대성당

• 라인강과 바젤 대성당

# 3. 바이엘러 미술관

컬렉터들의 도시 바젤을 대표하는 미술관

- ▣ Foundation Beyeler. 건축의 거장 렌초 피아노(Renzo Piano)가 설계하고 바젤 출신의 세계적인 컬렉터인 파운데이션 바이엘러(Foundation Beyeler)가 설립한 미술관으로, 폴 세잔, 반 고흐, 클로드 모네, 알베르토 자코메티, 파블로 피카소, 피에트 몬드리안 등 현대 미술 거장들의 작품들을 만나 볼 수 있음
- ▣ 전 세계 최고의 컬렉터들이 모이는 최고의 미술 시장인 바젤은 스위스, 독일, 프랑스의 경계에 위치한 국경 도시로 세 나라의 예술, 건축, 문화적 정서를 아우르는 예술과 건축의 도시이며 제2차 세계대전 이후 유럽 굴지의 미술 시장으로 발전했고 매해 6월에는 세계 최대 규모의 미술 시장인 바젤 아트페어가 개최됨

• 바이엘러 미술관

▣ 바이엘러 미술관은 미술 작품들을 감상할 수 있는 공간뿐만 아니라 문화 이벤트나 교육 프로그램도 주최하고 있어 현대 미술에 대한 관심을 증진시키고 예술의 가치를 확대하고자 노력하고 있음

• 바이엘러 미술관의 작품

• 바이엘러 미술관에 전시된 다양한 예술 작품들

# 4. 팅글리 박물관

창조적이고 기술적인 키네틱 아트의 선구자

▣ Museum Tinguely. 움직이는 기계 조각품들로 명성 높은 장 팅글리(Jean Tinguely, 1925~1991)의 작품을 세계에서 가장 많이 보유하고 있는 곳으로, 독특하고 독창적인 팅글리의 작품들을 비롯하여 많은 현대 예술가들의 전시회가 정기적으로 열림

▣ 장 팅글리는 20세기 스위스 예술가 중 가장 혁신적이고 중요한 인물로 꼽히고 키네틱 아트(Kinetic Art)와 다양한 조립물 작품으로 유명하며 창조적인 예술과 기술적인 업적으로 인정받았을 뿐만 아니라 그의 작품은 현대 예술의 중요한 부분으로 자리 잡고 있음

• 팅글리 박물관

▣ 팅글리 박물관이 들어선 건물은 건축가 마리오 보타(Mario Botta)가 설계한 것이며, 현대적이고 독창적인 디자인으로 그 자체가 예술이라 평가받고 있음

• 팅글리 박물관에 전시된 작품들

# 5. 로슈 타워

바젤의 랜드마크 빌딩

- ▣ Roche-Tower. 세계 1위 바이오 제약 및 생명과학 회사인 로슈 그룹의 본사 빌딩으로, 라인강 북쪽에 위치한 바젤에서 가장 높은 랜드마크. 로슈 타워 1은 2015년 완공되어 41층 178m이며 로슈 타워 2는 2022년 완공되었으며 205m로 스위스에서 가장 높은 건물임. 현재 로슈 타워 3는 221m로 계획 중에 있음
- ▣ 세계적인 스위스 건축가 듀오 헤르초크(Herzog)와 드 뫼롱(de Meuron)이 설계한 이 건축물은 예술과 문화 역사의 도시 바젤이 현대적인 도시로 성장했음을 알리고, 지속가능성과 에너지 효율성을 강조한 건물 디자인으로 에너지 소비를 줄이기 위해 자연 환기 및 정교한 차양 시스템과 같은 기능을 활용하고 있음

• 로슈 타워 1, 2

# 6. 바젤 공공 미술관

바젤의 문화적인 중심지

▣ Kunstmuseum Basel(Fine Arts Museum Basel). 스위스에서 가장 크고 중요한 공공 예술 컬렉션을 소장하고 있는 곳으로, 취리히 미술관과 함께 스위스 미술을 대표하는 곳이며 바젤 시민들의 후원으로 운영되고 있음

▣ 세계에서 가장 유명한 박물관 중 하나로 최고 수준의 컬렉션과 국제적으로 호평을 받는 전시회를 관람할 수 있고, 바젤 아트페어와 같은 국제적인 예술 행사의 중심지 역할도 활발하게 하고 있음

• 바젤 공공 미술관

# 7. 슈팔렌 문

중세 시대 성벽의 일부

- Spalentor. 옛 바젤시를 둘러싸고 있던 성벽의 일부로 남아 있는 3개의 성문 중 가장 보존 상태가 좋고 아름다운 문. 정면에는 아기 예수를 안고 있는 2명의 예언자가 조각되어 있음
- 옛날 알자스 지방에서 들어오는 각종 무역상들이 통과하곤 했으며 그 당시의 건축 기술과 예술성을 대표하는 작품 중 하나로, 중세의 분위기를 느낄 수 있는 바젤의 상징적인 건축물 중 하나

• 슈팔렌 문 정면

# 8. 비트라 디자인 박물관

## 세계에서 가장 유명한 디자인 박물관

▣ Vitra design museum. 바젤에서 외곽으로 30분 정도 달리면 세계 예술인들이 찾는 비트라 디자인 박물관이 나오는데, 비트라는 스위스의 가구 회사이지만 공장은 독일에 위치해 있음. 이 공장 전체를 비트라 캠퍼스라고 부르며 그 안에 프리츠커상 수상자 다수가 설계를 맡은 건물들이 채워져 있음

▣ 프랭크 게리, 안도 다다오, 자하 하디드, 알바로 시자 등 거장의 건축을 만날 수 있는 비트라 캠퍼스는 대형 입체파 조각품 같은 외관으로, 각도에 따라 다른 형태로 감상이 가능하고 특색 있는 전시로 매력 있는 볼거리를 제공함

• 프랭크 게리가 건축한 비트라 디자인 박물관

# 9. 아트 바젤

전 세계 아티스트들이 모이는 화려한 아트 올림픽대회

▣ Art Basel. 유럽, 미국, 아시아, 호주, 아프리카 총 5개 대륙에서 온 200개 이상의 주요 갤러리와 4,000명 이상의 예술가들이 참여하는 일종의 국제 예술 박람회

▣ 현대 예술계의 올림픽이라는 별명을 갖고 있는데 엄격한 심사 기준이 있어 쉽게 참여하기 힘들지만 한번 참여하게 되면 일류 갤러리로 인정받을 수 있어 많은 전 세계 아티스트들이 선망하는 아트페어의 하나임

▣ 20세기 예술가들의 역사적인 프레젠테이션이 시행되며 미술 작품 이외에도 잡지, 영화와 같은 영상 매체에 대해서도 다양한 예술 문화 세계의 큐레이팅이 진행됨

• 아트 바젤이 펼쳐지는 행사장

▣ 2024년 6월 13일~6월 16일까지 바젤에서 행해진 아트 바젤은 개최 20주년을 맞아 예술의 메카라는 별명답게 세계 최대 규모로 시행됨

▣ 2024년 10월 프랑스 파리, 12월 마이애미비치, 2025년 홍콩에서도 '아트 바젤' 개최 예정

• 아트 바젤 전시회장 내부

• 아트 바젤 행사장

# 7
# 몽트뢰

## 1. 몽트뢰 개황

▣ 몽트뢰(Montreux)는 스위스를 대표하는 휴양지로서 이례적으로 온화한 기후 때문에 지중해 연안(Vaud Riviera)의 수도로 불리기도 하며, 많은 유명 인사들이 이곳에서 살았거나 여생을 보냄

▣ 면적: 33.41km$^2$

▣ 인구: 2만 5,984명(2018년 기준)

▣ 위치: 스위스 보주(Canton de Vaud)

▣ 기후: 서안 해양성 기후

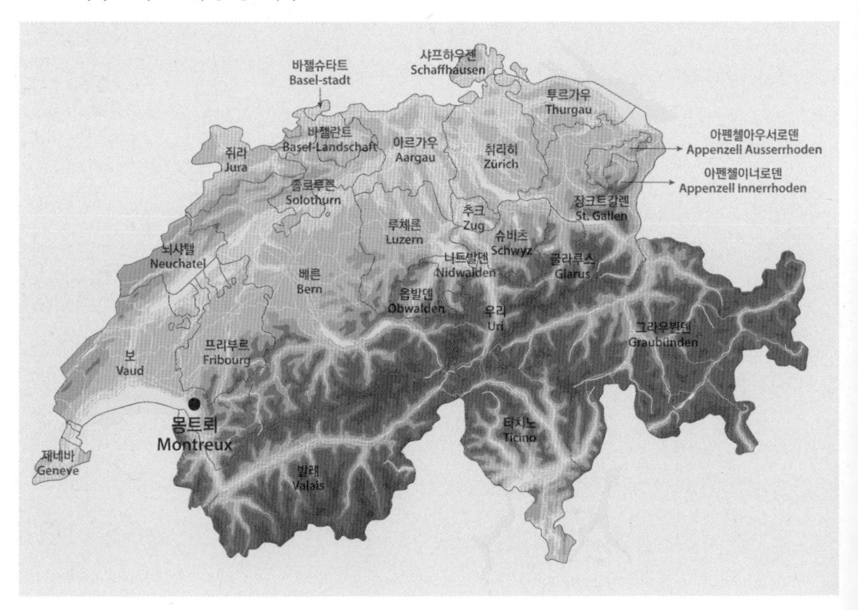

• 몽트뢰 전경

## ▣ 몽트뢰 시내 중심 지도

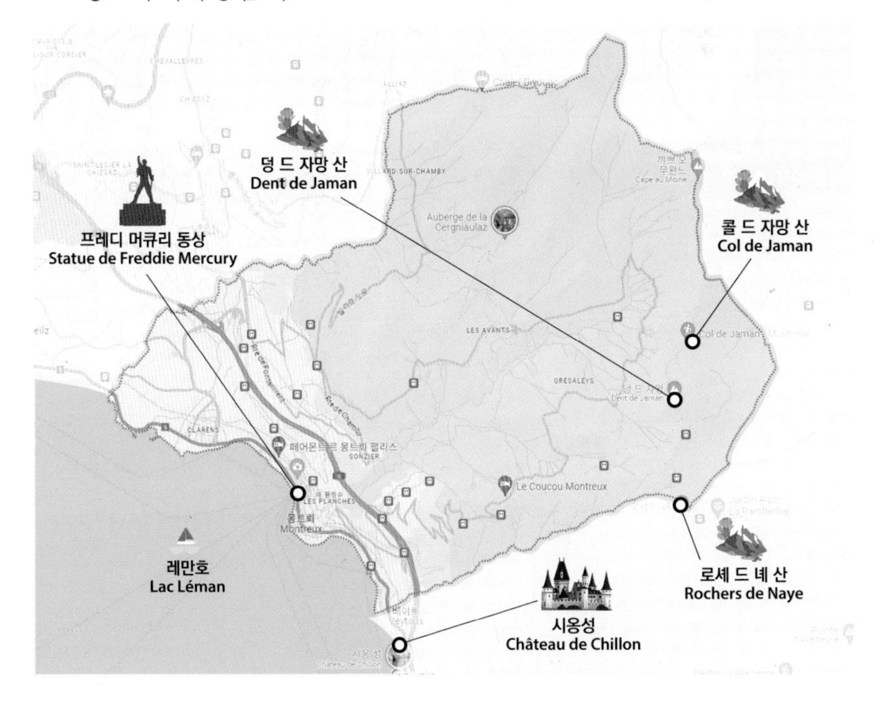

▣ 주요 특징

- '스위스의 리비에라'로 불리는 몽트뢰는 19세기 저명한 작가, 뮤지션, 예술가들의 발길이 끊이지 않았던 아름다운 마을로 몽트뢰의 호반에는 19세기의 호텔, 레스토랑 및 상점들이 모여 있음
- 레만호 주변의 고성 중에서 가장 아름답고 중세 시대의 원형을 가장 잘 보존한 '시옹성'과 여름에 펼쳐지는 몽트뢰 재즈 페스티벌로 유명하며 몽트뢰 중앙에 있는 프레디 머큐리 동상으로도 잘 알려져 있음

※ 세계적인 몽트뢰 재즈 페스티벌은 매년 7월 2주간 축제 형태로 개최되는데 1967년에 시작되었으며 재즈, 블루스 록, 랩, 팝, 소울 등 세계적인 가수 및 음악가가 참석하며 20만 명 이상의 방문객이 참석함

- 영국 출신의 세계적인 그룹 퀸(Queen)의 리드 보컬 프레디 머큐리(Freddie Mercury), 영국의 배우이자 감독인 찰리 채플린(Charlie Chaplin) 등 많은 유명 인사들이 이 지역에서 여생을 보냄

# 1. 프레디 머큐리 동상

전설적인 보컬리스트를 기리기 위한 동상

▣ Freddie Mercury Statue. 영국의 록 밴드 퀸의 전설적인 보컬리스트인 프레디 머큐리를 기리기 위해 건립되었으며 몽트뢰의 호수를 내려다보는 곳에 위치해 있고 그의 특징적인 모습과 자세를 잘 표현하고 있음

▣ 프레디 머큐리는 "마음의 평화를 원한다면 몽트뢰로 오라"고 말했을 정도로 몽트뢰를 사랑했으며 퀸과 함께 〈메이드 인 헤븐(Made in Heaven)〉을 포함해 6개의 앨범을 몽트뢰에서 녹음했음

• 프레디 머큐리 동상

• 몽트뢰 호수와 프레디 머큐리 동상

• 퀸 스튜디오

## 프레디 머큐리 - 영국의 전설적인 록밴드 음악가이자 프로듀서

### 1) 인물 개요

▣ Freddie Mercury(1946~1991). 영국 출신의 음악가

▣ 영국의 레전더리한 음악가이자 밴드 퀸의 전설적인 보컬리스트로 알려짐

▣ 탄탄한 음악적 재능과 특별한 개성, 감미로운 보컬과 강렬한 무대 퍼포먼스는 오늘날까지 전설적인 것으로 기억되고 있음

▣ 스위스 몽트뢰에서 음악 작업을 하며 휴식하는 것을 좋아했으며 1970년대 후반부터 1980년대 후반까지 체류함

## 2) 일대기

■ 1946년 영국의 스톤타운(Stone Town), 파르시인 출신 부모 밑에서 태어났으며 어린 시절을 주로 탄자니아에서 보냄

■ 1954년 가족과 함께 영국으로 이민, 런던으로 이주하여 영국 국적 취득

■ 1969년 브라이언 메이(Brian May), 로저 테일러(Roger Taylor)와 함께 '스마일(Smile)' 밴드를 결성함

■ 1970년 '스마일' 밴드 해체 후, 브라이언 메이, 로저 테일러와 함께 '퀸(Queen)' 결성함

■ 1973년 퀸의 데뷔 앨범 발매, 프레디의 독보적인 보컬 스타일과 무대 퍼포먼스가 주목받음

■ 1975년 '보헤미안 랩소디(Bohemian Rhapsody)'를 수록한 앨범 〈어 나잇 앳 디 오페라(A Night at the Opera)〉로 전 세계적으로 대성공하여 퀸의 상징적인 작품 중 하나로 남음

■ 1978년 〈재즈(Jazz)〉 앨범 발매 후 이를 기념하여 '재즈 투어(Jazz Tour)'를 시작함. 이 투어는 북미, 유럽, 오스트레일리아, 뉴질랜드 등을 돌며 대규모로 열어 퀸의 무대 퍼포먼스와 음악적 역량을 세계에 알림

■ 1983년 〈더 워크스(The Works)〉 앨범 발매, '레이디오 가가(Radio Ga Ga)', '아이 원 투 브레이크 프리(I Want to Break Free)' 등의 히트곡 발표

■ 1985년 〈미스터 배드 가이(Mr. Bad Guy)〉 솔로 앨범 발매, '바르셀로나(Barcelona)' 등의 작품이 솔로로 발표되고 인기를 끌었음

■ 1990년 〈인뉴엔도(Innuendo)〉 앨범 발매, 프레디의 건강 악화로 힘든 녹음과 작업.

■ 1991년 프레디 머큐리는 스위스의 코모(Komovor)에서 에이즈 합병증으로 인해 향년 45세의 나이에 별세

# 2. 시옹성

레만호의 중세 고성

▣ Château de Chillon. 레만호 주변의 고성 중에서 가장 아름답고 중세 시대의 원형을 가장 잘 보존한 고성인 시옹성은 9세기에 세워져 12세기 사보이 백작의 임시 거주지였으며 제네바 종교개혁자 보니바르가 갇힌 사건이 배경인 바이런의 시 〈시옹성의 죄수〉로 유명해짐

▣ 거대한 레만호와 프랑스 알프스가 눈앞에 펼쳐지는 아름다운 풍경을 감상할 수 있는 시옹성은 몽트뢰를 찾는 여행객들이 필수로 들러야 하는 관광 명소임

• 시옹성 전경

# 3. 브베

아름다운 작은 호반 도시

- vevey. 로잔과 몽트뢰의 중간쯤에 위치한 1만 8,000여 명이 사는 작은 호반 도시인 브베는 레만 호수와 포도밭이 넓게 펼쳐져 있으며 중세 시대부터 와인 산업의 중심지로 번창했던 도시임
- 무성영화의 대가 찰리 채플린이 25년을 지내다 생을 마감한 도시로 유명하며 거리 곳곳에서 모자와 지팡이를 든 채플린 동상을 만나볼 수 있고 세계 최대 규모의 식품 기업인 네슬레의 본사가 위치해 있음

• 브베 풍경

# 4. 채플린 월드

무성 영화의 아이콘, 코미디의 대가

- ▣ Chaplin world. "인생은 가까이서 보면 비극이요, 멀리서 보면 희극이다." 굴뚝 모자에 통이 넓은 바지, 그리고 코밑 수염의 우스꽝스러운 모습으로 사람들을 매료시킨 찰리 채플린은 웃음 속에 감동을 선사하는 희극인으로 전 세계인들에게 사랑받았음
- ▣ 제2차 세계대전 후 만든 〈뉴욕의 왕〉에서 전쟁과 정치를 풍자해 공산주의자로 몰려 1952년 미국에서 추방당한 이후 스위스 브베에 자리를 잡아 1977년 12월 25일 사망할 때까지 25년간 여생을 보냈음
- ▣ 현재 브베에는 찰리 채플린의 생가와 박물관, 정원이 있는 채플린 월드가 채플린 대신 관광객들을 반겨 주고 있음

• 채플린 월드

## 찰리 채플린 - 무성 영화의 거장

### 1) 인물 개요

- Charles Spencer Chaplin(1889~1977). 20세기 초기에 활동한 영국 런던 출신의 코미디언, 영화배우, 감독, 프로듀서, 작곡가
- 무성 영화 시대에 크게 활약한 인물임
- 대표작으로는 〈더 키드(The Kid)〉, 〈시티 라잇츠(City Lights)〉, 〈모던 타임스(Modern Times)〉, 〈위대한 독재자(The Great Dictator)〉 등이 있음
- 그의 작품은 사회 문제와 인권 문제에 대한 비판적 시각을 반영하고 있음

### 2) 일대기

- 1889년 영국 런던에서 태어나 어린 시절을 가난과 어려움 속에서 보냄
- 1899년 〈짐, 어 로맨스 오브 코케인(Jim, A Romance of Cockayne)〉이라는 극에서 등장인물인 뉴스보이 역할을 맡아 첫 연극 무대에 데뷔함
- 1908년 프레드 카노(Fred Karno) 코미디 극단에 합류하여 미국 투어를 다니며 코미디 연기를 연마함
- 1913년 할리우드에서 코미디 분야로 유명하던 키스톤 스튜디오(Keystone Studios)와 계약, 첫 영화 출연. 〈메이킹 어 리빙(Making a Living)〉이라는 단편 영화로 영화 데뷔
- 1919년 메리 픽포드, 더글라스 페어뱅크스, D.W. 그리피스와 함께 유나이티드 아티스츠(United Artists)를 설립하여 독립적인 영화 제작이 가능해짐

- ▣ 1925년 〈더 골드 러시(The Gold Rush)〉 개봉, 채플린의 가장 유명한 영화 중 하나로 손꼽힘
- ▣ 1936년 〈모던 타임스(Modern Times)〉 개봉, 무성 영화 시절의 마지막 작품
- ▣ 1941년 〈위대한 독재자(The Great Dictator)〉 개봉, 첫 유성 영화로 독재자 히틀러를 풍자하는 내용으로 미국에서 큰 성공을 거두었지만 그의 반파시즘 메시지와 정치적 발언으로 인해 논란이 일기 시작함
- ▣ 1947년 〈살인광 시대(Monsieur Verdoux)〉 개봉, 채플린이 각본, 감독, 주연을 맡은 이 영화는 그의 첫 진지한 블랙 코미디로, 사회적 논란을 일으키며 미국에서 공산주의자로 비난받아 일부 극장에서 상영이 중단됨
- ▣ 1952년 〈라임라이트(Limelight)〉 개봉, 트램프와 비슷한 캐릭터를 연기하며 영화는 그의 연기 경력의 하이라이트 중 하나로 평가받음. 런던 시사회에 참석하기 위해 영국으로 떠나는 동안 미국 이민국은 그의 입국 허가를 철회했고 그는 미국으로 돌아가지 않기로 결정함
- ▣ 1953년 스위스로 이주하여 브베에 정착함
- ▣ 1967년 〈홍콩에서 온 백작(A Countess from Hong Kong)〉 개봉, 마지막 영화 감독 작품으로 상업적으로는 성공하지 못했으나 그의 영화 경력을 마무리하는 중요한 작품으로 남음
- ▣ 1975년 영국 여왕으로부터 기사 작위(Knight Bachelor)를 수여받았으며 이는 그의 영화 산업에 대한 공로를 인정받은 것임
- ▣ 1977년 12월 25일 스위스 브베의 자택에서 88세의 나이로 사망

# 5. 네슬레 본사

세계 최대의 식품 회사

- ▣ 1867년에 설립된 네슬레는 세계 최대의 식품회사(약 100조 원 매출, 2023년 기준)로서 스위스 브베에 본사를 두고 있으며 전 세계적으로 190여 개국 이상에서 다양한 식품 및 음료 제품을 판매하고 있음
- ▣ 주요 제품은 인스턴트 커피 브랜드인 네스 카페와 고급 캡슐 커피 브랜드인 네스프레소가 있으며 킷캣 초콜릿, 다양한 유제품 및 생수를 판매하고 있음
- ▣ 혁신적인 제품 개발, 지속가능한 경영 및 사회적 책임을 통해 글로벌 산업에서 중요한 역할을 하고 있음
- ▣ 네슬레 본사 건물은 스위스의 저명한 건축가인 장 추미(Jean Tschumi)에 의해 설계되어 1960년대 중반 레만 호수 근처의 아름다운 경치를 조망할 수 있는 곳에 현대적이고 세련되게 건축되었음

• 네슬레 본사

# 6. 알리멘타리움과 〈더 포크〉

네슬레가 세운 식품 박물관

## 1) 알리멘타리움

▣ Alimentarium. 1985년에 설립한 세계 최초의 식품 박물관으로 1814년부터 지금까지 브베와 긴 역사를 함께해 온 네슬레 재단이 운영하는 먹거리와 관련된 박물관. 로컬들을 위한 다양한 교육 아카데미, 프로그램들을 운영하고 있음

▣ 식품과 영양에 관한 다양한 주제를 다루며 식품과 관련된 문화, 역사, 과학 등을 탐구하는 곳으로서 교육적인 목적으로 활용됨

▣ 네슬레의 사회 책임 활동의 일환으로 운영되는 알리멘타리움은 네슬레가 식품 문제에 대한 인식으로 높이고 건강한 식습관을 촉진하는 데 기여하고 있음

• 알리멘타리움 전경

## 2) 〈더 포크〉

▣ The Fork. 네슬레가 브베에 세운 조형물로, 스위스 예술가 장 피에르 조그(Jean-Pierre Zaugg)가 디자인했고 알리멘타리움 10주년을 기념하기 위해 1995년 2월 레만호에 설치되었음

▣ 일상에 우리가 자주 사용하는 물건들을 엄청난 크기로 부풀려 시선을 빼앗고 식품 기업의 인상을 강하게 새겨 주는 좋은 예시임

• 〈더 포크〉

# 7. 라보

## 아름다운 와인 마을

▣ Lavaux. 라보 지구는 몽트뢰 근교에 레만 호수에 둘러싸인 아름다운 와인 마을로 강렬한 햇빛으로 포도가 먹음직스럽게 잘 익는 날씨 덕분에 8개의 포도밭을 가진 작은 마을들이 옹기종기 모여 있는 곳. 스위스 최고의 화이트 와인 생산지로 샤슬라(Chasselas) 품종이 유명함

▣ 계단 모양으로 드넓게 펼쳐진 포도밭을 따라 걷거나 꼬마 열차를 타고 와이너리에서 직접 만든 와인을 맛볼 수도 있음

▣ 라보 비노라마(Lavaux Vinorama)는 라보 지역의 포도밭을 테마로 한 디스커버리 센터로, 유네스코 세계문화유산으로 지정된 라보의 포도밭과 와인에 대해 8개 언어로 번역되어 와인에 관심이 많은 관광객들에게 좋은 명소이며 170여 종류가 넘는 와인이 전시되어 있으며 매주 다양한 와인을 시음할 수 있음

• 라보 전경

# 8. 그뤼에르, 그뤼에르성

중세풍의 아름다운 마을

- ▣ Gruyeres. 기차를 타고 만나는 숨은 보석같이 아름다운 마을. 프리부르 산악 지대, 해발 810m 언덕 위 1,800여 명이 거주하는 작은 마을로 마을의 상징인 '학'을 프랑스어로 그뤼(GRU)라고 발음하는 것에서 유래된 이름임
- ▣ 그뤼에르 치즈는 스위스의 대표적 치즈 중 하나로, 이 지역에서 유래되었으며 소젖으로 만들어 6개월 이상 숙성하기 때문에 향이 강하고 씹히는 맛이 부드러운 것으로 유명함

• 그뤼에르성에서 본 그뤼에르 전경

▣ 그뤼에르성(Chateau de Gruyeres)은 13세기에 건축된 중세 성으로, 현재는 박물관으로 운영되고 있으며 중세 시대의 예술품, 가구, 지역 역사를 엿볼 수 있음

• 그뤼에르성

• 그뤼에르성 안의 거리

# 8

# 로잔

## 1. 로잔 개황

▣ 로잔(Lausanne)은 제네바 호수 지역에서 두 번째로 큰 도시로 역동적인 상업 도시와 휴양지가 결합된 곳이며 보(Vaud)주의 주도로서 대학과 국제회의의 고장인 동시에 '올림픽의 도시'로 문화, 교육, 스포츠 중심지 도시로 유명함

▣ 면적: 41.37km$^2$

▣ 인구: 13만 7,800명(2017년 기준)

▣ 위치: 스위스 중앙고원 끝, 레만호 북쪽

▣ 기후: 온화하고 따뜻한 날씨

▣ 시장: 그레그와르 쥐노(Grégoire Junod, ~2016)

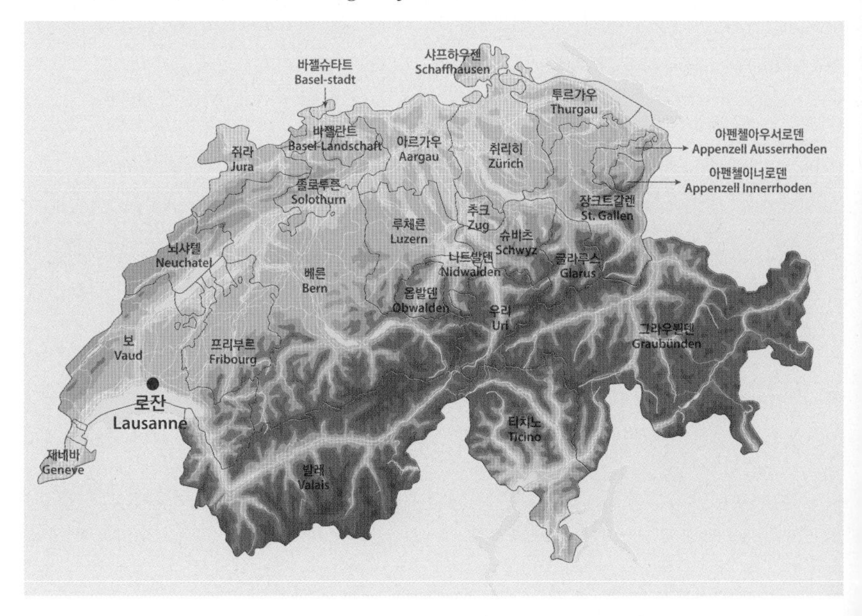

• 로잔 전경

## ▣ 로잔 시내 중심 지도

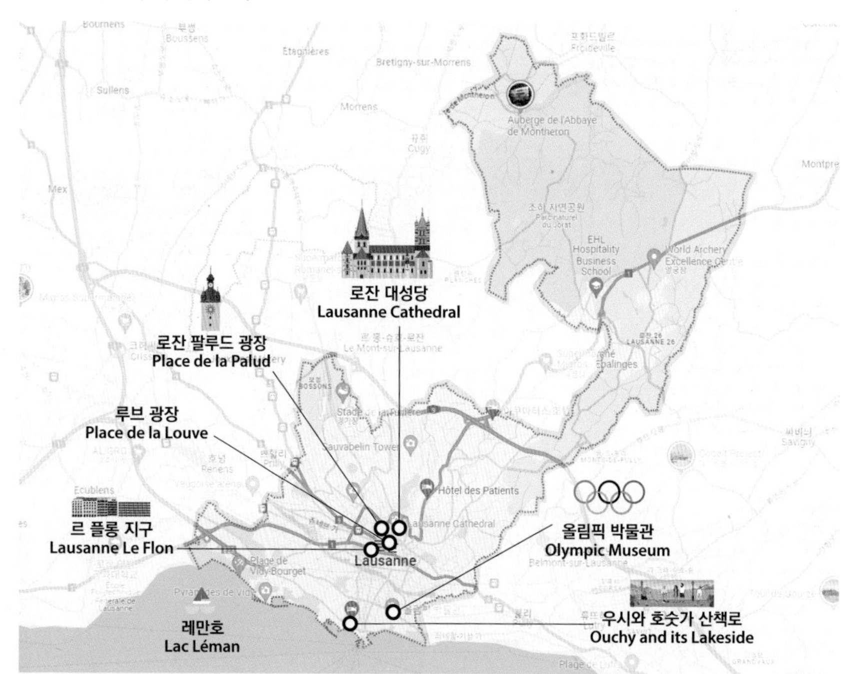

▣ 주요 특징

- 로잔은 로마 제국 시절 라우소니움이라는 이름으로 건설된 오래된 도시로서 세계적인 관광 도시이자 문화 중심지이며 국제 회의가 자주 개최되는 곳으로도 유명함
- 로잔에는 스위스 유산으로 등재된 건물이나 유적지 46곳이 있음
- 교육과 연구 시설로 잘 알려진 중심지이자 비즈니스 투어리즘의 주요한 목적지임
- 로잔은 올림픽 위원회의 본청이 위치한 곳이며 올림픽 경기에 관하여 세계에서 가장 많은 정보를 보유한 올림픽 박물관이 있음
- 로잔 마라톤 경기와 육상 운동을 위한 국제 대회인 '아틀레티시마(Athletissima)'가 열리는 곳으로 스포츠로 높은 명망을 얻고 있음

# 1. 로잔 대성당

로잔의 랜드마크

▣ Lausanne Cathedral. 고딕 양식이 인상적인 로잔 대성당은 로잔의 상징이자 랜드마크로 높은 인지도를 가지고 있으며, 멋진 로잔의 시내 전경을 감상할 수 있음

▣ 18세기부터 유지된 로잔 구시가지의 정취와 서유럽에서 가장 큰 레만 호수까지 한눈에 들어와 훌륭한 뷰를 자랑함

▣ 밤 10시부터 새벽 2시까지 대성당에서는 종지기가 종탑에 올라 동서남북을 돌며 "나는 종이다, 10시가 되었다"라고 소리 지르는 것이 특징

▣ 로잔 대성당 내부에는 2003년 12월에 개관한 거대한 파이프 오르간이 있는데 설계에만 10년이 걸렸으며 파이프 700개, 콘솔 2개, 매뉴얼 5개. 페달보드 1개로 구성됨

• 로잔 대성당 전경

# 2. 올림픽 박물관

올림픽 정신을 느낄 수 있는 로잔의 유명 박물관

## 1) 개요

▣ Lausanne Olympic Museum. 근대 올림픽을 재건한 피에르 드 쿠베르탱(Pierre de Coubertin)이 1915년 국제올림픽위원회(IOC) 본부를 파리에서 로잔으로 옮겨 1993년 6월 23일 개관함

▣ 레만 호수 언덕 위에 자리 잡고 있는 로잔은 이후 올림픽의 수도로 자리매김하게 됨

▣ 쿠베르탱에 이어 올림픽의 위상을 새로 드높인 후안 안토니오 사마란치의 주도로 세워진 이 박물관은 1만여 종 이상의 올림픽 전시물을 전시하고 있으며 매년 25만 명 이상의 관람객이 방문하는 관광 명소임

▣ 포괄적인 올림픽 컬렉션을 소장하고 있어 전시물 관람은 물론 다양한 문화 및 교육 활동에도 참여할 수 있는 많은 프로그램을 진행하고 있음

• 올림픽 박물관 입구

▣ 올림픽공원 안에는 스포츠를 주제로 한 수많은 예술 작품이 공원을 둘러싸고 있어 수많은 전시품 및 조각품을 감상할 수 있음

▣ 상설전시회는 올림픽 세계, 올림픽 게임, 올림픽 정신이라는 3가지의 주제로 구성됨

## 2) 연혁

▣ 1993년 6월 23일에 당시 IOC 회장이였던 후안 안토니오 사마란치의 주도로 설립됨

▣ 1995년 올해의 유럽 박물관으로 선정됨

▣ 2012~2013년까지 23개월간의 개조 공사를 진행했으며(개조 공사가 진행되는 동안에는 올림픽공원 앞에 임시 전시관을 설치 운영) 2013년 12월 21일에 재개관됨

• 올림픽 공원에 전시되어 있는 조형물

• 스포츠를 테마로 한 웅장한 조각 전시물

# 3. 르 플롱 지구

상업 및 창고 지역을 복합 도시 문화로 재생

## 1) 개요

- ▣ Lausanne Le Flon. 19세기 후반에서 20세기 중반까지 산업 및 창고 지역으로 사용되다가 1980년대 후반부터 쇠퇴된 지역으로 전락했으며 2000년부터 도시 재개발 사업을 시작함
- ▣ 재개발 이전에는 창고로 사용되던 산업 황무지였지만 이후 재개발을 통해 상점, 레스토랑, 영화관 등 많은 문화 시설이 들어오게 되었으며 지금은 사람들로 북적거리는 로잔의 중심지가 되었음
- ▣ 지하철 역과 도심을 잇는 긴 다리, 옥상 녹화 등 도시 재생의 성공 사례를 발견할 수 있는 친환경적이면서 아름다운 지역

• 르 플롱 지구 전경

• 지하철 역 및 교통 시설이 편리하게 연결된 르 플롱 지구

## 2) 연혁

▣ 르 플롱 지구는 한때 숲이 우거진 무인 계곡이 있는 지역이었음

▣ 19세기 초기 산업 발전으로 인해 나타난 제분소, 무두질 공장, 풀러 공장이 플롱 계곡을 차지하게 되었는데 공장에서 가죽 작업으로 악취가 많아 좋지 않은 평판을 얻게 되어 로잔 주민은 이런 도시를 피하고 멀리하게 됨

▣ 1874년 3월, 로잔-우시 철도회사(Compagnie du Chemin de fer Lausanne-Ouchy)가 설립되어 우시 항구 사이에 사람과 물품을 운송할 수 있는 서비스가 제공되었음

▣ 로잔-우시 사이의 터널을 굴착하면서 생긴 흙은 르 플롱 지구 하류 부분 지반을 매립하는 데 사용했으며 이는 제2차 세계대전이 끝날 때까지 지속되었으며 황무지의 모습을 보여 주었음

▣ 1990년대 초반까지만 하더라도 로잔의 도시 이미지는 좋지 않았지만 로잔 우시(Lausanne-Ouchy) SA 그룹이 비전 1과 비전 2로 나누어진 계획을 따라 개발을 시작했으며 이후 광범위한 주차장을 시작으로 영국식 펍, 태국 레스토랑 등이 생겨나 오늘날의 르 플롱이 탄생함

• 르 플롱

• 르 플롱 문화 중심지 거리

# 4. 롤렉스 러닝 센터

로잔의 최대 규모 도서관

- ▣ Rolex learning center. 로잔에 있는 EPFL(École Polytechnique Fédérale de Lausanne)의 캠퍼스 허브이자 도서관임
- ▣ 2004년 12월, 일본 도쿄 디자인회사 SANAA에서 수석 건축가로 있던 세지마 카즈요, 니시자와 류에가 선정되어 2007년부터 2009년까지 설계, 건축했으며 스위스 정부, 롤렉스, 로지텍, 레슬레 등의 자금 지원을 받아 2010년 2월에 완공됨
- ▣ 50만 권의 인쇄 작품을 소장하고 있는 중앙도서관은 유럽에서 가장 큰 과학 컬렉션 중 하나임
- ▣ 4개의 대형 학습 공간은 860명을 수용할 수 있으며 100명 이상의 EPFL 및 기타 직원을 위한 사무 공간을 마련하고 있음
- ▣ 1만 개의 온라인 저널과 1만 7,000개의 전자책을 제공하고 있는 멀티미디어 도서관 시스템도 완비되어 있음
- ▣ 세미나, 그룹 작업, 기타 회의 등을 진행할 수 있는 행정 사무실까지 마련되어 다양한 프로그램 진행도 가능함

• EPFL 학습센터*

• 도서관 건물 내부의 모습*

• 롤렉스 러닝 센터 내부

출처: www.archdaily.com

# 5. 로잔 연방 공과대학교

로잔 최고의 엔지니어 양성 대학

- ▣ EPFL은 스위스 로잔에 위치하고 있는 연방 기술 연구소(École Polytechnique Fédérale de Lausanne)라는 명칭을 지니고 있는 공립 연구 대학 중 하나임
- ▣ 스위스에서 재능 있는 엔지니어를 양성한다는 설립 목표를 두고 1969년에 개교했음
- ▣ 공학 및 자연과학을 전문으로 하고 있는 대학이며 제네바 호수를 따라 확장된 도시 캠퍼스를 보유하고 있는데 이곳에는 EPFL 혁신공원, 대학 연구센터 및 부속 실험실이 있음
- ▣ 2023년 QS 세계 대학 순위에서 전 세계 16위를 차지했으며 공학 분야에서 최고의 10개 대학으로 선정되었으며 '타임스 하이어 에듀케이션(Times Higher Education)'에서도 엔지니어링 및 기술 부문에서 세계 19번째로 우수한 학교로 선정됨

• 로잔 연방 공과대학교 *

# 6. 톨로체나츠

오드리 헵번이 잠들어 있는 마을

▣ Tolochenaz. 스위스 보주의 모르주 지구에 위치, 레만호 주변에 있는 마을이며 제네바 호수 북쪽 해안에 자리하고 있음

▣ 2006년 8월 31일까지 모르주 지구의 일부이기도 했으며 토지는 농업과 산림업에 사용되고 있음

▣ 세계적으로 유명한 영화 배우 오드리 헵번이 생의 마지막을 보내던 마을로 유명하며 오드리 헵번의 공원 묘지가 위치하고 있음

▣ 오드리 헵번은 배우 생활을 은퇴하고 나서 유니세프 홍보대사 등 어린이들을 위한 가난 구호에 앞장섰던 인물이며 1963년부터 죽기 직전인 1993년까지 이 마을에서 아름다운 여생을 보냈음

• 톨로체나츠 마을의 풍경

▣ 오드리 헵번 이외에도 테너로 활동한 전설적인 오페라가수 니콜라이 게다(Nicolai Gedda)와 발레 카르멘에서 활동한 발레리나 장마이어(Zizi Jeanmaire)가 거주한 도시로 유명함

• 영화 배우 오드리 헵번이 묻혀 있는 묘지

• 오드리 헵번을 기리는 석상

## 오드리 헵번 - 20세기 최고의 배우이자 인도주의자

### 1) 인물 개요

- Audrey Kathleen Hepburn(1929~1993). 벨기에 출신의 영화 배우이자 인도주의자
- 에미상, 그래미상, 아카데미상, 여우주연상, 토니상을 모두 수상한 대중 문화의 그랜드 슬램 수상자
- 은퇴 후에는 유니세프의 이사로 활동하며 세계 어린이들을 돕는 자선 사업을 적극적으로 펼침

### 2) 일대기

- 1929년 벨기에의 브뤼셀에서 출생 / 제2차 세계대전으로 네덜란드와 영국에서 성장
- 1940년대 중반 가족들과 함께 전쟁을 피해 네덜란드로 이주함
- 1948년 암스테르담으로 이사하여 발레 학교에 입학함
- 1951년 영국의 런던으로 이사하여 연기 수업을 받았고 뛰어난 실력과 아름다운 외모로 브로드웨이 무대에 데뷔하게 되었음
- 1953년 영화 〈로마의 휴일〉에서 주연을 맡아 국제적인 스타덤에 올랐으며 아카데미 여우주연상, BAFTA 여우주연상, 골든 글로브 여우주연상 드라마 부문을 수상한 첫 번째 배우가 되었음
- 1954년 〈사브리나〉 등 연이은 주요 작품의 주연을 맡았고, 브로드웨이 연극인 〈운디네(Ondine)〉에 출연해 연극의 아카데미상이라 할 수 있는 토니상의 여우주연상을 수상함
- 1961년 블레이크 에드워즈 감독의 작품인 〈티파니에서 아침을(Breakfast at Tiffany's)〉에서 주연을 맡아 다시 한번 시대의 아이콘으로 자리매김함
- 1960년대 후반부터 1970년대 초반에는 연기 활동과 함께 인도주의자

로 활동

■ 1970년대 후반 유니세프와의 협력을 통해 세계적인 어린이들의 복지에 헌신함

■ 1988년 유니세프의 이사로 위임되어 1992년까지 아프리카, 남아메리카, 아시아의 가장 가난한 나라의 공동체에서 자선 활동을 함

■ 1992년 12월 유니세프 친선대사로 활동하면서 대통령 훈장을 받음

■ 1993년 1월 대장암 투병 끝에 향년 63세의 나이로 스위스 톨로체나츠에서 별세

### 3) 업적

#### (1) 영화와 패션의 아이콘

- 〈로마의 휴일〉, 〈티파니에서 아침을〉, 〈사브리나〉 등의 작품을 통해 영화계에서 뛰어난 연기력을 선보였으며, 전 세계적으로 인정받는 스타로 자리매김함
- 그녀의 우아하고 세련된 스타일은 영화뿐만 아니라 패션계에도 큰 영향을 끼쳤으며 특히 블랙 드레스와 진주 목걸이를 선보인 〈티파니에서 아침을〉의 장면은 아직도 많은 이들에게 영감을 줌
- 미국 영화 연구소(American Film Institute, 약칭 AFI)가 선정한 여성 배우 중 스크린 전설 3위에 랭크되었고, 베스트 드레서 부문 명예의 전당 여성 배우로 헌액되었음

#### (2) 세계의 아이들을 사랑한 여인

- 유니세프의 이사로 활동하여 세계의 어린이들을 돕는 일에 헌신했으며 아프리카와 아시에 등에서 굶주림과 질병으로 고통받는 어린이들을 돕기 위해 노력했음

# 9

# 루가노

## 1. 루가노 개황

- ▣ 루가노(Lugano)는 스위스의 작은 이탈리아로 스위스 제3의 금융, 컨퍼런스, 은행, 비즈니스 중심지이자 공원과 꽃, 빌라와 종교 건축물로도 유명함
- ▣ 면적: 75.93km$^2$
- ▣ 인구: 6만 3,497명(2023년 기준)
- ▣ 위치: 스위스 남부 티치노주
- ▣ 기후: 온난습윤기후
- ▣ 시장: 미셸 폴레티(Michele Foletti, 2021~ )

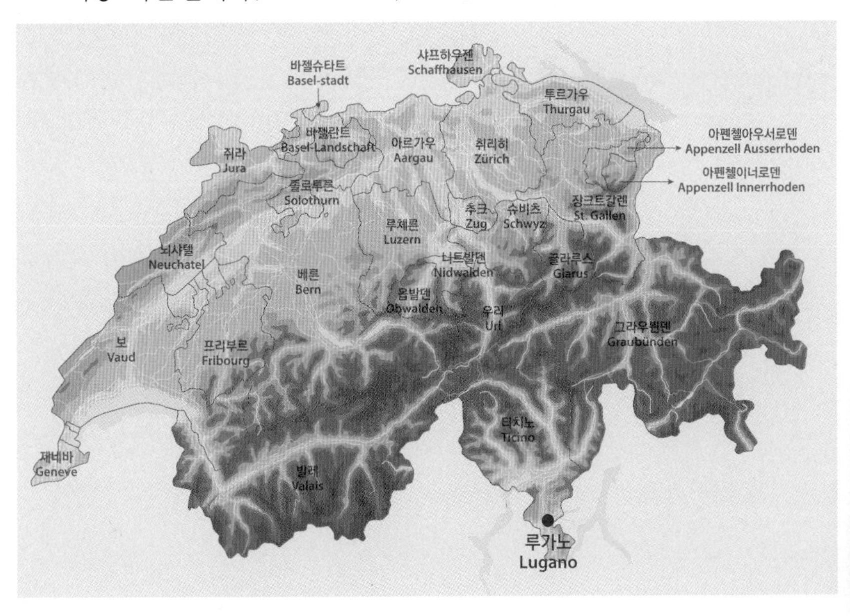

• 루가노 전경 출처: www.shutterstock.com

## ▣ 루가노 시내 중심 지도

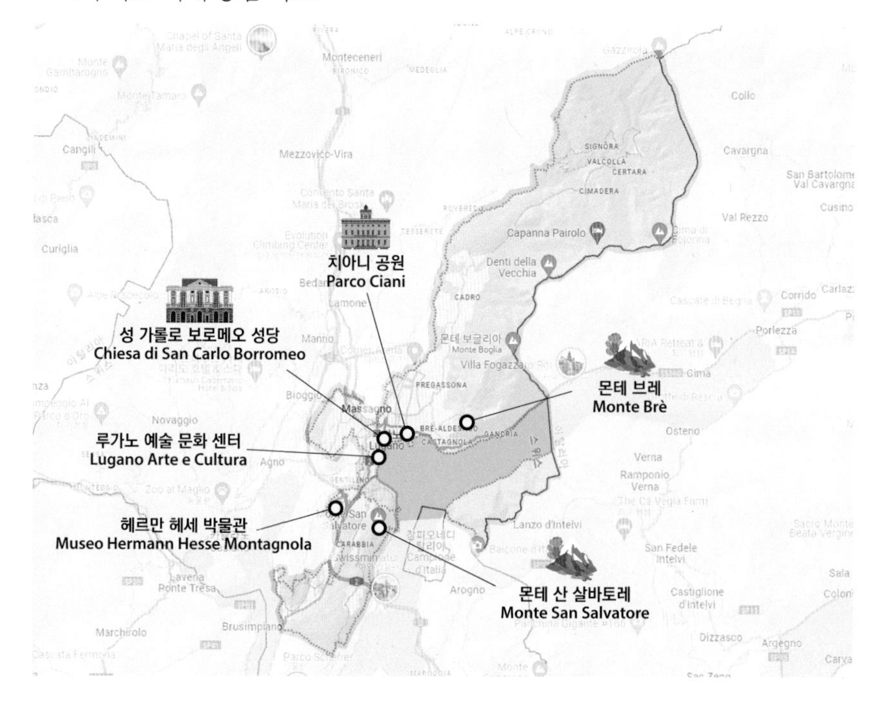

## ▣ 약사

| 연도 | 역사 내용 |
|---|---|
| 1512년 | 스위스에 속하게 됨 |
| 1798년 | 헬베티아 공화국의 루가노주의 주도가 됨 |
| 1803년 | 루가노의 정치 자치체가 만들어짐 |
| 1803년~1813년 | 프란체스코 카프라가 루가노의 초대 시장이 됨 |
| 1814년 | 주 헌법에 따라 루가노, 벨린초나, 로카르노가 주의 주도로 설정됨 |
| 1830년 | 새로운 시민과 정부 건물이 루가노에 나타나기 시작함 |
| 1882년 | 고트하르트 철도가 완공됨 |
| 19세기 중반~1970년 | 인구가 두 배 이상 증가함 |
| 1956년 | 유로비전 송 콘테스트의 첫 번째 개최 도시로 선정됨 |
| 1975년 | 의회 센터 설립 |
| 1978년 | 새로운 시립 병원이 건립됨 |

## ▣ 주요 특징

- 루가노는 루가노 호수 북측면에 자리해 있으며 수많은 산에 둘러싸여 화려한 전망을 선사함
- 자동차 진입이 금지된 구시가지, 이탈리아 롬바르디 스타일의 건축물, 수많은 행사 등 많은 볼거리를 제공함
- 전체적인 도심의 분위기는 이탈리아에 온 느낌을 주며 세계적인 건축가 마리오 보타 사무실이 있음
- 소설가 헤르만 헤세(Hermann Hesse)가 여생을 보낸 곳으로 헤르만 헤세 박물관과 헤르만 헤세 묘지가 있음
- 시끌벅적한 분위기와 친절한 사람, 많은 이탈리아 음식점이 있지만 물가가 다소 비쌈
- 자연환경은 물론 문화예술이 살아 숨 쉬는 신선한 도심 속 힐링 도시라 할 수 있음

# 1. 몬테 산 살바토레

루가노의 뒷동산

▣ Monte san Salvatore. 스위스와 이탈리아 국경에 위치한 아름다운 산으로, 티치노 주와 루가노주의 경계에 위치하고 있음

▣ 해발 912m의 몬테 산 살바토레의 정상은 케이블카를 이용한다면 10여 분만에 쉽게 도달할 수 있으며, 정상에서는 스위스의 알프스와 이탈리아의 호수 지역 풍경을 360° 파노라마로 감상할 수 있음

▣ 루가노의 뒷동산이자 루가노 시민들의 사랑을 듬뿍 받는 산인 살바토레는 등산과 하이킹 등 다양한 야외 활동을 즐길 수 있으며, 관광객들을 위한 다양한 편의 시설과 관광 인프라가 잘 갖춰져 있어 편안한 여행을 즐길 수 있음

• 몬테 산 살바토레 정상

# 2. 몬테 브레

풍성한 자연의 아름다움

- ▣ Monte Brè. 루가노 호수의 풍경을 한눈에 담을 수 있는 산으로 알프스의 숨 막힐 듯 아름다운 파노라마와 도시 루가노와 몬테 로사(Monte Rosa)를 조망할 수 있음
- ▣ 해발 925m의 몬테 브레 정상은 루가노 시내와 몬테 브레 산 사이를 연결하는 푸니쿨라를 이용하여 쾌적하고 안전하게 접근할 수 있으며 오르는 동안 몬테 브레 산의 아름다운 풍경을 감상할 수 있음
- ▣ 몬테 브레는 등산, 하이킹 등 다양한 야외 활동을 즐길 수 있으며 산 정상 부근에는 카페와 레스토랑이 있어 자연의 아름다운 풍경을 감상하고 평온한 시간을 보내기에 이상적인 장소임

• 몬테 브레 정상

# 3. 헤르만 헤세 박물관

헤르만 헤세의 삶

- ▣ Museo Hermann Hesse Montagnola. 시인이자 소설가이자 화가인 헤르만 헤세의 변화무쌍한 인생을 느낄 수 있는 개인 물품, 사진, 책 그리고 수채화 등을 보존하고 전시하는 박물관이며 그의 작품 중 최고 중요 작품인 〈싯다르타(Siddhartha)〉, 〈나르치스와 골드문트(Narziss and Goldmund)〉, 〈클링조어의 마지막 여름(Klingsors letzter Sommer)〉 등도 이곳에서 집필되었음
- ▣ 박물관은 헤르만 헤세의 생가와 작업실 바로 옆인 토레 카무치(Torre Camuzz)에 자리 잡고 있으며 그의 다양한 작품뿐만 아니라 헤르만 헤세의 주변 환경과 그에게 영감을 준 아름다운 자연 환경을 감상할 수 있음
- ▣ 관람객들은 전시 관람 외에도 테마 공연, 강의, 콘서트, 영화, 독서회 등을 즐길 수 있으며 박물관 주변을 둘러싼 아름다운 산책로는 평화로운 자연 속을 걸으며 휴식과 명상을 즐길 수 있는 장소로, 그림 같은 풍경을 감상할 수 있음과 동시에 헤르만 헤세의 창작 환경을 느낄 수 있음

• 헤르만 헤세 박물관 내부

## 헤르만 헤세 – 노벨 문학상을 받은 스위스의 대표 작가

### 1) 인물 개요

▣ Hermann Karl Hesse(1877~1962). 독일계 스위스 인이자 소설가, 화가

▣ 노벨문학상으로 세계적으로 알려진 문학계 아이콘

▣ 인간 존재와 자아 탐구, 정신 성장 등을 주제로 한 작품으로 유명

### 2) 일대기

▣ 1877년 7월 독일의 칼프에서 장남으로 출생

▣ 1904년 첫 장편소설 〈피터 카멘진드(Peter Camenzind)〉를 발표하며 작가로서 성공

▣ 1919년 《데미안(Demian)》을 출간

▣ 1923년 스위스 국적을 취득

▣ 1943년 장편소설 《유리알 유희(Das Glasperlenspiel)》 발간

▣ 1946년 노벨문학상 수상

▣ 1962년 몬타뇰라 명예시민 획득/ 8월, 뇌출혈로 세상을 떠남

### 3) 업적

① 독일권에서 인기 있고 영향력 있는 작가에서 시작하여 노벨문학상을 수여받음으로 세계적으로 인지도 높은 작가로 오름. 현재는 작품이 영화, 뮤지컬의 소재로 사용되고 있음

② 힌두교와 불교 철학을 비롯한 종교적인 색채관이 뚜렷이 드러나는 작품

③ 히틀러 정권, 세계대전 당시의 역사 속에서 생생함을 표현하는 다양한 작품 활동을 펼침

# 4. 루가노 예술 문화 센터

문화예술 복합센터

▣ Lugano Arte e Cultura. 티치노 출신의 건축가 이바노 자놀라(Ivano Gianola)가 설계한 예술 문화 센터는 2,500m² 면적의 전시 공간과 극장, 1,000명의 관람객을 수용할 수 있는 콘서트 홀을 갖추고 있으며, 2층 전시장 끝 유리파사드 너머로 보이는 루가노 호수 풍경을 감상할 수 있으며 2015년 개관함

▣ 5개 층에 분산되어 있는 전시 공간은 예술 작품으로 가득하며, 주립 박물관(Cantonal Art Museum), 루가노 현대 미술관과 함께 선보이는 이곳의 기획 전시는 티치노 지방의 정신을 이해하는 데 큰 도움이 됨

• 루가노 예술 문화 센터 전경

# 5. 치아니 공원

자연의 아름다움과 평화로운 풍경

▣ Parco Ciani. 루가노 호숫가에 자리 잡은 6만 3,000m$^2$ 규모의 공원으로 넓은 잔디밭, 다양한 종류의 꽃과 식물이 가득한 정원, 그리고 푸른 나무들로 구성되어 있어 도심에서 벗어나 멋진 풍경과 화창한 지중해 기후를 느끼며 휴식과 여가를 즐길 수 있음

▣ 공원은 두 구역으로 나누어져 있는데, 첫 번째 지역은 수변 산책로 끝에 있는 정문을 통해 접근할 수 있으며 무성한 화단과 녹지 공간, 전 세계의 나무와 관목이 번갈아 나타나고 두 번째 지역은 부두에서 카사라테강(Cassarate River)까지 이어지며 더 야생적이고 독창적인 분위기를 느낄 수 있음

• 치아니 공원

# 6. 성 가롤로 보로메오 성당

성 가롤로 보로메오 성당

- Chiesa di San Carlo Borromeo. 성 가롤로 보로메오에 영감을 받아 1640년에 건설되었고, 아름다운 바로크 양식의 건축 양식과 풍부한 예술 작품으로 장식되어 루가노의 랜드마크 중 하나로 자리하고 있음
- 스위스의 가톨릭 개혁에 큰 공헌을 한 추기경 가롤로 보로메오(Carlo Borromeo)(1538~1584)는 1579년 밀라노에 스위스 성직자를 훈련시키고자 콜레기움 헬페티쿰(Collegium Helveticum, 신학교)을 세웠고, 1610년 성인으로 공표되고 스위스 카톨릭의 수호 성인으로 여겨짐
- 종교적 중요성과 아름다움을 결합한 이 성당은 루가노의 중심부에 위치하고 있으며 중요한 종교적 장소로 여겨지고 있음

• 성 가롤로 보로메오 성당 내부*

# 10

# 장크트갈렌

## 1. 장크트갈렌 개황

- ▣ 장크트갈렌(St. Gallen)은 보덴제 호수와 아펜첼러란트 사이 동부 스위스에 위치한 컴팩트한 대도시로, 역사적인 대성당과 수도원 도서관이 있는 수도원 구역은 유네스코 세계문화유산으로 등재되어 있을 정도로 문화유산이 많은 도시임
- ▣ 면적: 39.41km²
- ▣ 높이: 669m
- ▣ 인구: 7만 8,193명(2023년)
- ▣ 위치: 스위스 동부(세인트갈레주)
- ▣ 기후: 여름이 짧고 따뜻하며 겨울이 길고 적당히 추운 습한 대륙성 기후

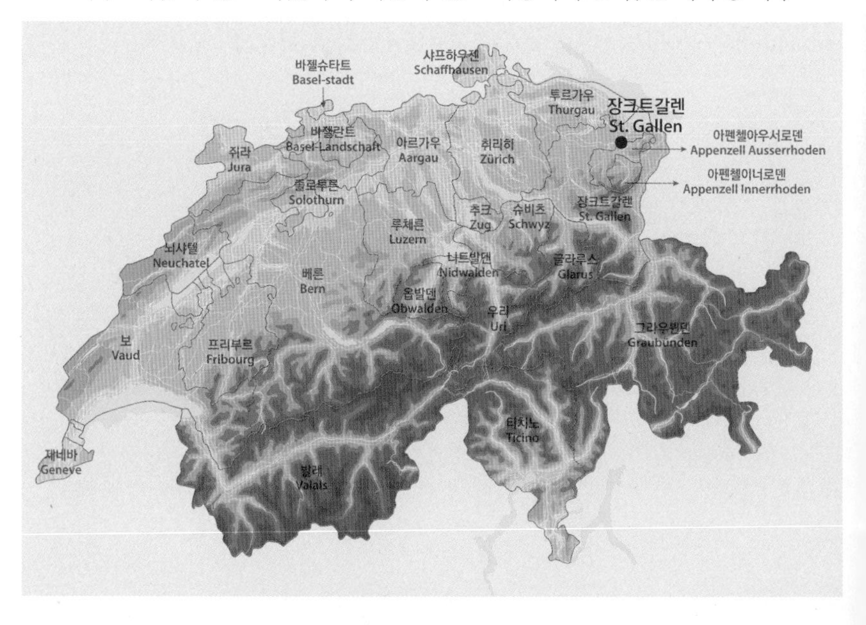

• 장크트갈렌 전경*

• 장크트갈렌의 수도원 구역

출처: www.myswitzerland.com

■ 장크트갈렌 시내 중심 지도

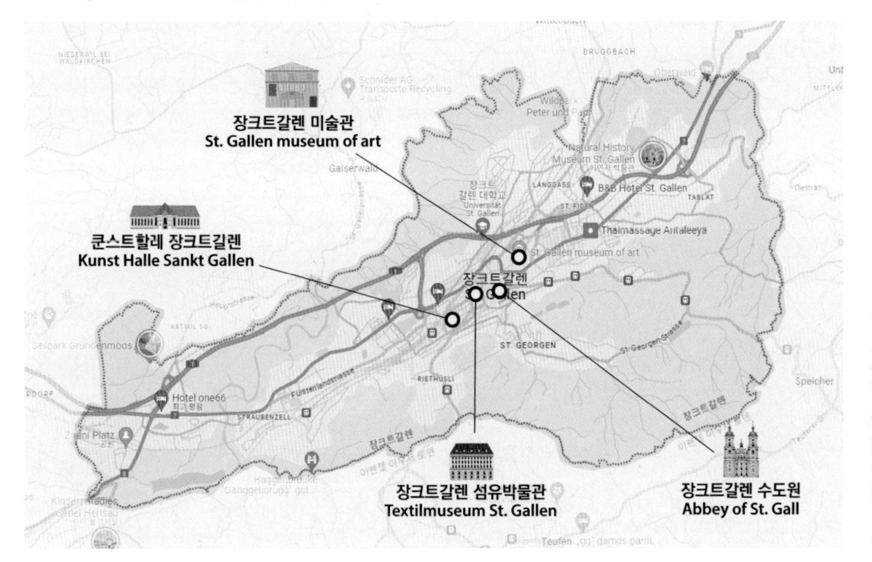


■ 주요 특징

- 장크트갈렌은 7세기에 설립된 아일랜드 출신 수도사 장크트 갈(Sankt Gall)의 은둔처에서 발전한 도시로 중세에는 수도원 도시로 번영했으며 종교적, 문화적으로 오늘날 스위스 동부를 대표하는 도시 중 하나임
- 이 지역은 인접한 국가인 독일, 오스트리아로 교통이 편리하게 연결됨
- 장크트갈렌의 구시가지는 자동차 진입이 금지되어 있어 유럽 중세의 매력을 그대로 간직하고 있으며 특히 다채로운 색상으로 페인팅된 건축물들은 이 도시를 대표하는 특징 중 하나임
- 장크트갈렌 수도원은 유네스코 세계문화유산으로 등재되었으며 수도원 도서관(Abbey Library)은 귀중한 문서들과 고대 서적을 보유하고 있음

# 1. 장크트갈렌 수도원

바로크 양식의 걸작이라 불리는 수도원

▣ Abbey of St. Gall. 장크트갈렌시의 가톨릭 종교 단지에 있는 수도원으로 612년 수도사 갈렌이 지은 작은 관청에서 비롯되어 8세기에 창설됨

▣ 현재는 해산되어 더 이상 수도원의 종교적 의미는 남아 있지 않지만 수도원의 부속 건물 및 도서관, 대성당은 여전히 바로크 양식의 걸작이라 불림

▣ 수도원의 역사적 의미, 수도원 대표 건축물, 도서관에 남아 있는 문헌 및 미술품 등 다양한 측면에서 높은 평가를 받아 1983년 수도원 전체가 유네스코 세계문화유산에 등재됨

• 장크트갈렌 수도원 외관*

▣ 수도원 부속 도서관은 천년 동안 수기로 작성된 2,100권의 고서 필사본을 포함한 17만 권이 넘는 장서를 보유하고 있으며 2,700년 된 이집트의 미라도 함께 전시하고 있음

• 장크트갈렌 수도원 내부*

# 2. 쿤스트할레 장크트갈렌

현대 미술의 살아 있는 실험실

- Kunst Halle Sankt Gallen. 국제적인 프로젝트, 지역 프로젝트 등 다채로운 분야의 현대 미술을 선보이는 미술관으로 1985년 옛 창고를 두 개의 문화 기관으로 탈바꿈함
- '현대 미술의 살아 있는 실험실'이라 불리는 곳으로 예술의 열린 개념을 장려하고 젊은 예술가들의 창작 과정을 살펴보며 현재의 예술적, 사회적, 정치적 문제에 대해 살펴보고자 함

• 쿤스트 할레 장크트갈렌 외관 출처: kunsthallesanktgallen

# 11

# 다보스

## 1. 다보스 개황

- ▣ 다보스(Davos)는 알프스산맥 내 도시 가운데 가장 높은 곳에 위치한 도시로 매년 1월 소위 '다보스 포럼'이라 불리는 세계경제포럼(WEF, World Economic Forum) 연례 회의를 개최하는 곳으로 유명함
- ▣ 면적: 284m$^2$
- ▣ 높이: 1,560m
- ▣ 인구: 1만 800명(2023년 기준)
- ▣ 위치: 스위스 동부(그라우뷘덴주)

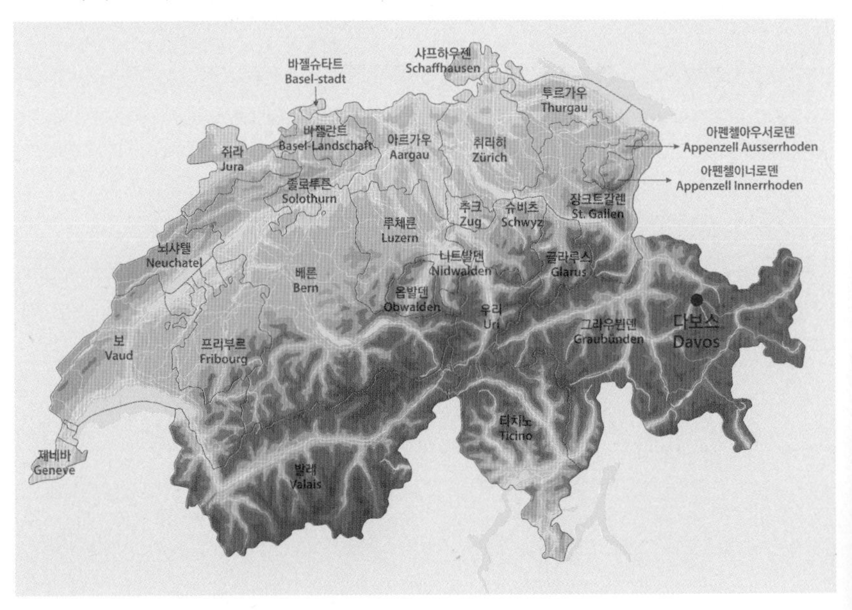

• 다보스 전경　　출처: www.myswitzerland.com

• 다보스 샤츠알프 산　　출처: www.myswitzerland.com

■ 다보스 시내 중심 지도

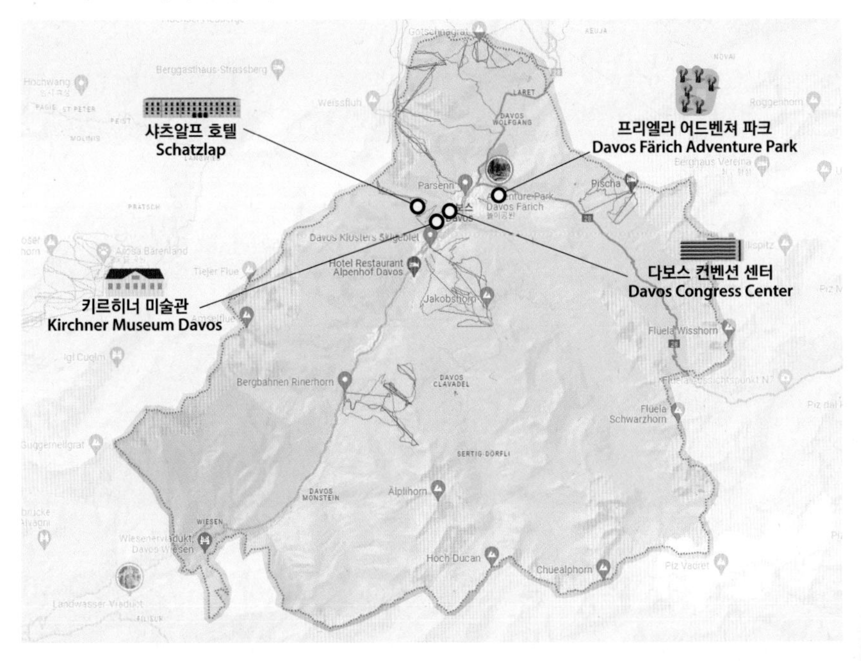


■ 주요 특징

- 다보스는 19세기에 산악 건강 휴양지로 명성을 얻었으며 현재는 전 세계 정치 및 기업 지도자들의 연례 회의인 세계경제포럼을 개최한 곳으로 가장 잘 알려져 있음
- 겨울 스포츠의 오랜 역사를 지닌 다보스에는 스위스 최대의 스키 리조트가 위치해 있고 매년 12월에는 국제 스펭글러 컵 아이스하키 토너먼트가 개최됨
- 해발 1,560m에 위치한 다보스는 고산지대 리조트로서 신선한 공기와 자연환경이 주는 아름다운 전망을 제공함
- 다보스는 오랜 전통을 자랑하는 알프스 전통 건축물과 교회, 박물관 등이 있고 다양한 문화 이벤트와 축제도 개최됨

# 1. 다보스 컨벤션 센터

국제 현안을 논의하는 '세계경제포럼' 개최 장소

▣ 국제적으로 유명한 의회 도시인 다보스의 주요 컨벤션 센터인 다보스 컨벤션 센터(Davos Congress Center)는 1969년에 개장하여 1971년부터 세계경제포럼 회의를 개최해 왔음

▣ 다보스 컨벤션 센터는 최신 시설과 편의를 갖추고 있어 다양한 규모의 이벤트를 수용할 수 있고 세계 각국에서 방문한 비즈니스 리더, 정치인, 사회적인 지도자들이 모여 세계의 경제, 정치, 사회 문제를 논의하고 솔루션을 모색하는 장소로 활용됨

▣ 다보스를 세계적인 비즈니스 및 정치적인 회의의 중심지로 만들어 주는 역할을 하고 있음

• 공중에서 바라본 다보스 컨벤션 센터 센터*

# 2. 샤츠알프 호텔

국가중요문화재로 등록된 유서 깊은 호텔

- Berghotel Schatzalp. 다보스 산정에 아르누보 스타일 라 벨 에포크 분위기로 지어진 유서 깊은 호텔. 네덜란드 기업가 빌렘 얀 홀스보어(Willem Jan Holsboer)가 설립했으며 다보스의 국가중요문화재로 등록되어 있음
- 다보스에서 300m 위에 위치한 샤츠알프는 차량 통행이 되지 않는 곳으로 아래의 마을에서 1899년 운행을 시작한 케이블카 샤츠알프 반(Schatzalp-Bahn)을 통해 접근할 수 있음
- 최고의 겨울 여행지로 꼽히는 샤츠알프는 휴식과 기력 회복을 위한 이상적인 장소이자 아이들과 쉬운 산행을 즐기는 스키어들에게 최적화된 곳임
- 5월까지도 눈을 볼 수 있는 지역으로 겨울에는 크로스컨트리, 스키, 스노슈잉 등 다양한 액티비티를 체험할 수 있음
- 원래 1900년 취리히 건축가 오토 플레그하르트(Otto Pfleghard)와 막스 하펠리(Max Haefeli)가 결핵 환자를 위한 요양원으로 설립했다가 1940년대 말 결핵균에 대한 효과적인 약물이 발견되자 1953년 샤츠알프 산악 호텔로 개조함
- 독일 작가 토마스 만(Thomas Mann)은 아내의 결핵을 치료하기 위해 방문했던 샤츠알프에서의 경험을 바탕으로 소설 〈마의 산(The Magic Mountain)〉을 집필함

• 샤츠알프 호텔

출처: www.booking.com

## 스위스(Switzerland)
6개 주요 자연 명소

독일
GERMANY

아펜첼

마이엔펠트

하우젠
hausen

투르가우
Thurgau

취리히
Zürich

아펜첼
Appenzell

아펜첼아우서로덴
Appenzell Ausserrhoden

아펜첼이너로덴
Appenzell Innerrhoden

장크트갈렌
St. Gallen

추크
Zug

리히텐슈타인
Liechtenstein

오스트리아
AUSTRIA

슈비츠
Schwyz

글라루스
Glarus

마이엔펠트
Maienfeld

니트발덴
Nidwalden

우리
Uri

그라우뷘덴
Graubünden

장크트모리츠
St. Moritz

티치노
Ticino

장크트모리츠

이탈리아
ITALY

# 12
# 체르마트

## 1. 체르마트 개황

- 체르마트(Zermatt)는 알프스산맥의 대명사 마테호른(Matterhorn) 산기슭에 위치한 카 프리(Car-Free) 청정 마을로 아름다운 자연경관과 풍부한 역사적 유산으로 유명하며 하이킹, 스키, 등산, 패러글라이딩 등 야외 활동의 중심지로 알려져 있음
- 면적: 242.67km²
- 높이: 1,620m
- 인구: 6,022명(2023년)
- 위치: 스위스 남부(발레주)
- 기후: 연평균 최고 기온 10.2℃, 최저 기온 0.3℃이며 연평균 강수량은 640mm, 강설량은 265cm

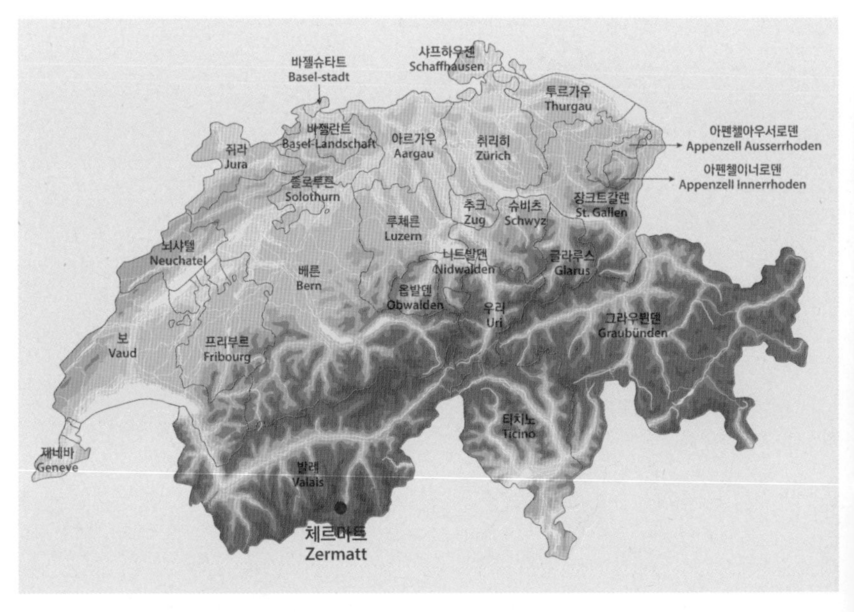

• 체르마트의 마테호른

• 체르마트 시내 풍경

▣ 체르마트 주요 명소 지도

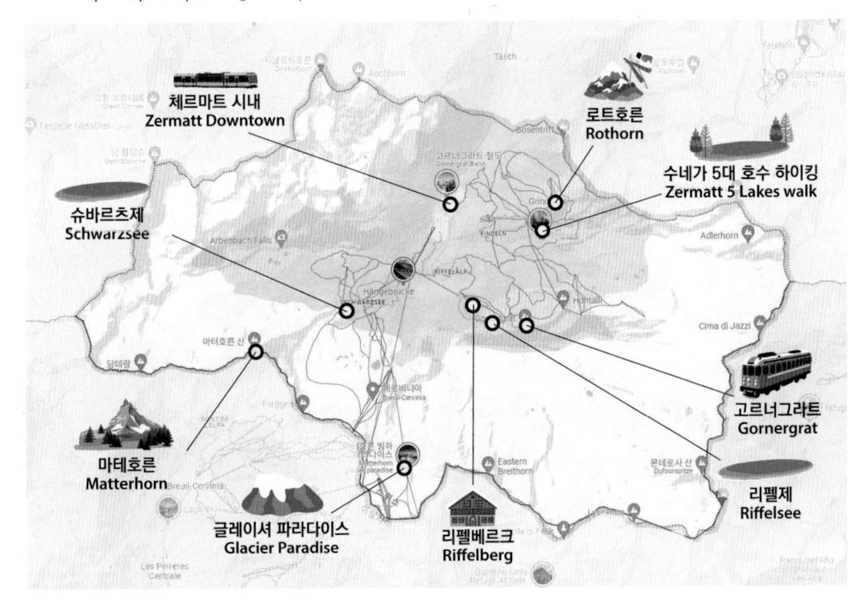


▣ 주요 특징

- 체르마트(Zermatt)라는 이름은 계곡에 있는 고산 초원이라는 의미의 독일어 '마텐(matten)'에서 유래했으며 처음 이름은 '추어 마테(Zur Matte)'였으나 점차 '체르마트(Zermatt)'가 되었음
- 마테호른 기슭에 위치하여 스위스 알프스의 등산 및 스키 리조트로 유명하며 알파니스트, 트레킹 및 스키 애호가들에게 인기 많은 지역임
- 19세기 중반까지는 주로 농업 지역이었으나 1865년 마테호른 최초 등반 이후 많은 관광 시설이 건설됨
- 현재 지역 경제의 대부분은 관광에 기반을 두고 있으며 마을 일자리의 약 절반이 호텔이나 레스토랑에 있음
- 대기 오염을 방지하기 위해 마을 전체가 내연 기관 차량 금지 구역으로 지정되었고 이에 따라 체르마트의 거의 모든 차량은 전기 배터리로 구동되는 전기 자동차임

# 1. 마테호른

스위스 알프스 절경의 국가대표

▣ Matterhorn. 스위스와 이탈리아 국경에 있는 알프스산맥의 아이콘과 같은 산으로서 아름다운 전망과 하이킹 코스 때문에 많은 사람들에게 사랑받는 명소임

▣ 해발 4,478m 높이의 마테호른은 알프스와 유럽에서 가장 높은 정상 중 하나로 이 산에는 4개의 가파른 면이 있으며 네 면 중 가장 험한 서쪽 면은 1962년에야 초등되었음

▣ 마테호른 초등은 1865년 영국의 등산가 에드워드 윔퍼(Edward whymper)가 했으며 이로 인해 스위스의 산악 문화가 변화되었음. 특히 관광객들은 여름부터 마테호른을 보기 위해 스위스를 방문하기 시작했고 스위스의 산악 지역을 가난한 농촌 지역에서 유명 관광 명소로 바꾸는 계기가 되었음

• 마테호른

# 2. 로트호른

알프스산맥의 파노라마를 감상할 수 있는 산

- Rothorn. 알프스산맥의 일부로 마테호른의 가장 사진이 잘 찍히는 곳으로 유명하며 4,000여 개의 산들이 차례로 나열되어 매우 특별하고 아름다운 파노라마 전망을 제공함
- 멋진 전망을 제공하는 것 이외에도 여름에는 하이킹과 산악 자전거, 겨울에는 스노슈 하이킹과 스키 등 다양한 활동을 즐기기에도 좋은 명소임
- 브리엔츠에서 출발하여 로트호른 꼭대기까지 올라가는 기차 브리엔츠 로트호른 반(Brienz Rothorn Bahn)이 매우 유명하며 기차 안에서 아름다운 풍경을 감상할 수 있음

• 로트호른의 케이블카 입구

• 로트호른에서 바라본 알프스산맥

• 로트호른 전망

# 3. 수네가 5대 호수 하이킹

## 5개의 호수를 지나는 특별한 하이킹 코스

▣ 5 seenweg. 체르마트 근처 해발 약 2,288m에 위치하며 총 5개의 호수인 슈텔리제(Stellisee), 그린드지제(Grindjisee), 그륀제(Grünsee), 무스지제(Moosjisee) 및 라이제(Leisee) 호수를 지나도록 이어진 체르마트산에 있는 특별한 하이킹 코스

▣ 이 하이킹 코스는 고산 호수의 아름다운 풍경을 감상할 수 있으며 다섯 개의 호수를 순회하면서 호수의 물의 반사를 통해 마테호른을 포함한 알프스산맥의 아름다운 전망을 감상할 수 있음

▣ 총 길이는 9.8km, 소요 시간은 약 3시간 정도로 중급자 코스에 해당하며 하이킹 코스를 통해 체르마트의 알프스산맥과 호수를 감상할 수 있음

• 슈텔리제 호수

# 4. 고르너그라트

유럽에서 가장 높은 톱니바퀴 열차 역이 있는 산

## 1) 개요

▣ Gornergrat. 체르마트 근처 해발 3,089m에 위치하며 마테호른을 비롯한 약 30여 개의 4,000m 이상 알프스 봉우리들과 빙하(Glacier)를 감상할 수 있는 최고의 전망대

▣ 고르너그라트에는 기차역과 함께 레스토랑, 전망대, 하이킹로, 산악 숙소 등이 있어 방문객들에게 다양한 활동과 편의 시설을 제공하며 스위스 알프스를 경험하고 자연을 감상하기 위한 주요 명소 중 하나임

• 고르너그라트

## 2) 고르터그라트 철도

▣ 고르너그라트 철도는 1898년에 개통된 세계 최초의 완전 전기 톱니바퀴 철도이며 오늘날까지도 현대적이고 친환경적인 철도로 유명함

▣ 유럽에서 가장 높은 야외 톱니바퀴 열차는 1년 365일 체르마트역(1,620m)에서 고르너그라트 정상까지 운행함

• 고르너그라트 열차

# 5. 리펠제

아름다운 산맥의 모습을 담는 호수

- Riffelsee. 마테호른 근처 해발 약 2,757m에 위치한 호수로 아름다운 자연경관과 높은 산봉우리의 모습이 물의 표면에 반사되어 아름다운 전망을 제공하는 명소
- 고르너그라트를 통해 쉽게 접근할 수 있으며 매우 맑고 청명한 호수의 표면을 통해 주변의 빙하 및 봉우리의 아름다운 경치를 잘 감상할 수 있음

• 리펠제 전망

# 6. 글레이셔 파라다이스

마테호른의 빙하 천국

▣ Glacier Paradise. 체르마트 근처 해발 3,883m에 위치한 스위스 알프스의 빙하 지역으로 케이블카로 오를 수 있는 가장 높은 지점

▣ 높은 산의 야생 지대에 위치한 빙하 지역으로 아름다운 빙하 및 빙하 호수를 감상할 수 있는 멋진 전망을 제공하며 특히 마테호른을 가장 가까이 볼 수 있는 전망대로 경치가 장관임

▣ 빙하 궁전, 시네마 라운지, 전망대, 유럽에서 가장 높은 산 레스토랑 등이 위치하고 있어 산악 액티비티 이외에도 다양한 체험을 할 수 있으며 이탈리아 국경으로 넘어가서 스키 등을 즐길 수 있음

• 글레이셔 파라다이스의 전경

# 7. 체르마트 시내

차 없는 청정 마을

▣ Zermatt. 마테호른 기슭에 위치하여 유류를 사용하는 차가 진입할 수 없는 산악 청정 마을

▣ 중심가에는 전통적인 스위스 건축 양식의 아름다운 건물과 다양한 상점이 위치하고 있으며 지역 소품, 알프스 기념품, 의류 및 액세서리를 판매하는 상점들이 시내 곳곳에 있어 많은 사람들이 모이는 장소임

▣ 시내에서는 호텔, 레스토랑, 산악 액티비티 등과 함께 체르마트의 아름다운 자연경관을 감상할 수 있고 알프스를 방문하는 여행객들에게 휴식과 역동성을 함께 제공하는 명소임

• 체르마트 시내 전경

# 13

# 융프라우

## 1. 융프라우 개황

▣ 융프라우(Jungfrau)는 스위스 알프스의 4,158m의 높은 산으로 알프스에서 가장 아름다운 정상 중 하나이며 자연경관, 빙하, 호수, 숲 등의 명소와 정상에서 보이는 몽블랑산까지의 웅장한 전망을 즐길 수 있음

▣ 높이: 4,158m

▣ 위치: 스위스 중부

▣ 지역: 라우터브루넨(Lauterbrunnen) 및 피셔에탈(Fieschertal)

▣ 최초 등반: 1911년

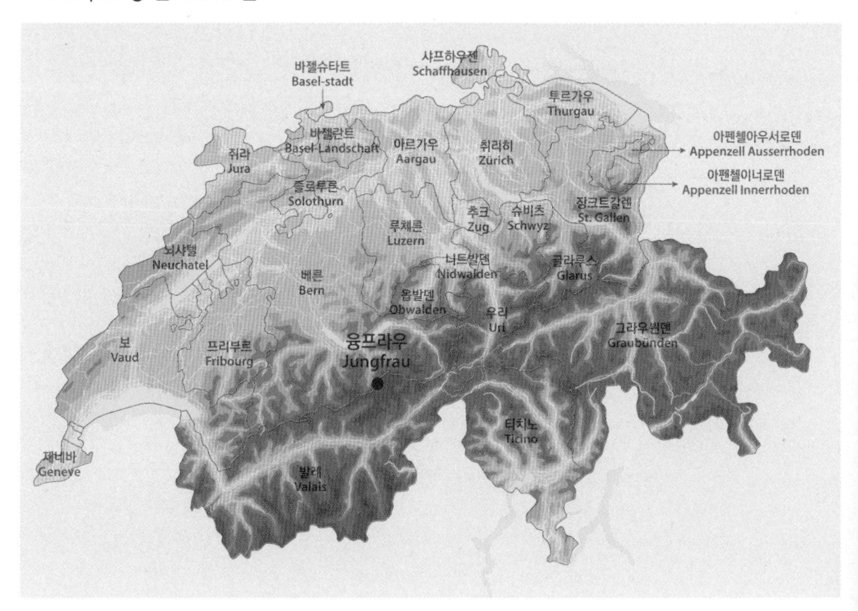

▣ 스위스 융프라우 지역 전체 지도

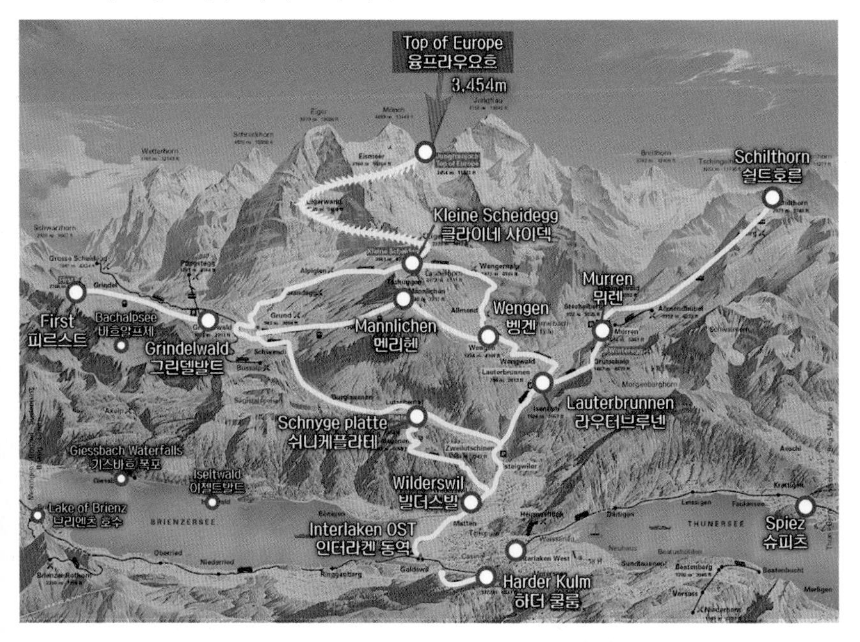


▣ 주요 특징

- 융프라우 주요 봉우리로는 아이거(Eiger), 묀히(Mönch), 융프라우요흐(Jungfraujoch), 융프라우(Jungfrau)가 있음
- 20세기 초 클라이네 샤이덱과 묀히, 융프라우요흐를 연결하는 융프라우 철도의 건설로 인해 이 지역은 알프스에서 가장 방문객이 많은 곳 중 하나가 되었음
- 남쪽의 알레치 빙하와 함께 융프라우는 융프라우-알레치 지역의 일부로 2001년 유네스코 세계문화유산으로 지정되었음
- 유럽 최고봉은 몽블랑이지만 100년 전 4,000m가 넘는 산 사이로 터널을 뚫어 가며 산악 열차를 개통시키기도 함

Eiger
아이거
3,970m
Monch
묀히
4,107m
Jungfraujoch
융프라우요흐
3,454m
Jungfrau
융프라우
4,158m

• 융프라우 주요 봉우리

# 1. 인터라켄

알프스를 여행하기 위한 베이스타운

- ▣ Interlaken. 융프라우요흐, 하더쿨름 등 파노라마 알프스를 여행하기 위한 베이스 타운으로 가장 인기 있는 여름 휴양지이자 교통의 요지임
- ▣ 서쪽으로 툰(Thun) 호수와 동쪽으로 브리엔츠 호수 사이에 자리 잡은 인터라켄 마을은 레스토랑, 쇼핑, 카지노 등 편의시설이 잘 갖춰져 있으며 다양한 액티비티 및 여행의 출발 지점임
- ▣ 19세기 이후로 주요 관광 명소로 자리 잡았으며 현재까지도 융프라우 지역을 여행하기 위한 출발점으로 많은 사람들이 찾아오는 곳

• 인터라켄 전망

# 2. 그린델발트 및 주변 명소

그림 같은 산악 풍경을 감상할 수 있는 마을과 주변 명소

## 1) 개요

▣ Grindelwald. 스위스 중부 지역 베른주에 위치한 마을로 아이거 북벽이 그대로 보이고 그림 같은 산악 풍경을 감상할 수 있음

▣ 융프라우요흐로 올라가는 시작점일 뿐만 아니라 봄부터 가을까지 산기슭 목초지에 야생화가 만발하여 하이킹을 즐기는 여행객들로 붐비고 겨울철에는 겨울 스포츠 마니아들이 즐겨 찾는 곳임

• 그린델발트 전망

▣ 19세기 산악 등반의 황금기 이후 스위스와 알프스 모두의 중요한 관광지가 되었으며 아름다운 자연경관, 다양한 액티비티 활동, 스위스 철도 등으로 많은 관광객이 찾는 명소 중 하나임

## 2) 주변 명소

### (1) 피르스트(First)

- 피르스트는 스위스 알프스에서 가장 아름다운 경치를 제공하는 장소 중 하나로 곤돌라를 타고 보어트 승강장을 지나 오르면 4,000m 이상의 융프라우 등 일곱 봉우리와 빙하, 바위의 장관이 아름다운 명소임
- 피르스트 전망대에서는 아이거산을 비롯한 알프스의 높은 산들을 감상할 수 있고 다양한 하이킹 코스의 출발지이기도 하며 겨울철에는 스키와 스노보드 등을 즐길 수 있음

• 피르스트 전망

## (2) 바흐알프제(Bachalpsee)

• 바흐알프제

- 피르스트 근처에 위치한 호수로 아름다운 풍경을 자랑하며 피르스트에 오른다면 반드시 방문해야 하는 자연 명소 중 하나로 해발 2,265m에 위치하며 그린델발트에서 피르스트까지 곤돌라를 타고 이동한 후 약 한 시간 하이킹 후 도달할 수 있음

### (3) 파울호른(Faulhorn)

• 파울호른 주변 풍경

- 알프스의 아름다운 트레킹 코스 중 가장 높은 곳에 있는 파울호른에서는 브리엔츠 호수 등 아름다운 알프스산의 풍경을 감상할 수 있음

# 3. 쉬니게 플라테 알파인 가든

아이거, 묀히, 융프라우의 전망을 감상할 수 있는 식물원

### 1) 개요

▣ Schynige Platte Alpine Garden. 고지대 식물 연구소 및 보호 구역이자 식물원으로 다양한 알프스 식물을 감상할 수 있는 아름다운 장소임

▣ 1893년부터 운행한 쉬니게 플라테 기차는 빌더스빌부터 출발하는 전통적인 기차로 아름다운 알프스 풍경을 감상할 수 있음(1.4km)

▣ 알프스에 자생하는 약 800종의 식물이 자라는 독특한 명소로 고산 식물의 아름다움을 직접 체험할 수 있는 명소이자 아이거, 묀히, 융프라우의 전망을 감상할 수 있는 자연 명소로 특히 파노라마 페일(Panorama Fail) 하이킹 코스가 유명함

• 쉬니게 플라테 알파인 가든 입구

• 쉬니게 플라테 알파인 가든 내부

• 쉬니게 플라테 알파인 가든에서의 전망

## 2) 고풍스러운 철도

▣ 1893년에 개통된 고산 철도로 인터라켄에서 출발하여 빌더스빌(wilderswil)을 경유하여 쉬니게 플라테까지 약 7.3km 구간 철도임

▣ 고풍스러운 레트로 스타일의 철도로 융프라우 등 아름다운 알스프 풍경을 즐길 수 있음

# 4. 빌더스빌

알프스 고유의 향취를 느낄 수 있는 작은 마을

▣ Wilderswill. 인터라켄에 위치한 작은 마을로 툰 호수와 뢰치넨 계곡 입구에 위치하고 있으며 쉬니게 플라테 철도의 출발지로 유명함

▣ 알프스 산악 지방의 전형적인 목조 주택들과 전통 있는 맛집이 자리하고 있어 알프스 고유의 향취를 느낄 수 있기에 인기 있는 명소임

▣ 이 마을은 인터라켄처럼 관광 대도시라기보다는 멀리 떨어진 작고 조용한 휴양지임에도 불구하고 여행, 하이킹 투어, 쇼핑 및 겨울 스포츠의 중심 위치인 것이 특징으로 특히 알프스의 정원인 쉬니게 플라테까지 톱니바퀴 열차의 출발점이기도 함

• 빌더스빌 마을의 풍경

# 5. 융프라우요흐

아름답고 웅장한 유럽의 지붕

- ▣ Jungfraujoch. 로마시대부터 웅장하고 아름다운 산이자 유럽의 지붕으로 널리 알려져 있는 고산지대로 융프라우, 묀히, 아이거 세 봉우리 사이에 위치하며 해발 3,454m에 달함
- ▣ 1912년부터 인터라켄과 클라이네 샤이덱에서 출발하는 철도인 융프라우 선을 통해 관광객들이 접근할 수 있게 되었고 현재까지도 유럽에서 가장 높은 기차역이 위치하고 있음. 융프라우(Jungfrau)는 독일어로 '젊은 아가씨', 요흐(joch)는 '산등성이'라는 뜻으로 융프라우요흐는 젊은 처녀의 어깨를 뜻하기도 함

• 융프라우요흐 정상

▣ 세계에서 가장 높은 천문대 중 하나인 스핑크스 전망대, 알파인 센세이션, 얼음 궁전, 고원지대, 알레치 빙하 등의 주요 명소들이 유명하고 특히 알파인 센세이션에서는 융프라우 알파인 역사와 초기 철도 건설 역사를 만날 수 있음

• 융프라우요흐 스핑크스 전망대

• 알파인 센세이션 내부

• 융프라우 플라토 전망대

• 융프라우요흐 알레치 빙하

# 6. 아이거글레처

## 융프라우요흐의 중요한 환승 거점

- Eigergeltscher. 아이거 산의 북쪽 해발 약 2,320m에 위치한 융프라우요흐에서 클라이네샤이덱(Kleine Scheidegg)으로 가기 위한 중요한 환승 거점이 되는 역으로 등산객과 관광객들에게 중요한 출발점 역할을 함
- 아이거산에 위치한 유명한 빙하의 이름을 따서 명명되었으며 아름다운 풍경은 물론 레스토랑, 하이킹 코스, 리조트 등이 위치하여 많은 관광객들이 방문하는 명소 중 하나임
- 아이거글레처역은 알프스의 환상적인 경치를 감상할 수 있는 최적의 위치에 있으며 스키 시즌에는 스키 리프트와 연계된 스키 코스의 시작점 역할을 하고 여름에는 하이킹 및 세계적으로 유명한 아이거 북벽 암벽 등반의 출발지가 됨

• 아이거글레처 역 내부

# 7. 클라이네 샤이덱

세 개의 웅장한 봉우리 아래 위치한 하이킹 기점

▣ Kleine Scheidegg. 아이거, 묀히, 융프라우 등 세 개의 웅장한 봉우리 바로 아래 위치한 산길로 아이거 북벽의 장관을 감상할 수 있는 명소

▣ 해발 2,061m에 위치하며 이곳에는 19세기에 건축된 유구한 역사를 지닌 호텔이 있으며 역 근처에는 레스토랑 등이 잘 갖춰져 있어 오랫동안 즐기기에 좋은 하이킹 기점임

▣ 스위스 철도의 중요한 교차점이기도 하며 스위스의 유명한 유람 열차인 융프라우 철도(Jungfrau Railway)의 중간 정거장으로 알려져 있고 겨울에는 유명 스키 지역 중 하나임

• 클라이네 샤이덱

# 8. 벵겐

전통이 잘 보존된 아름다운 청정 산악 마을

▣ Wengen. 융프라우 기슭에 위치하고 있는 벵겐은 공용 차량과 전기차 외에는 개인 차량이 진입할 수 없는 청정 마을로 정겨운 스위스 마을 특유의 분위기와 평화로운 분위기를 즐길 수 있음

▣ 전통이 잘 보존된 휴양 리조트가 있으며 스키, 스노보드 등을 즐길 수 있고 인터라켄만큼 좋은 호텔들이 많은 것은 물론 마을 주변으로 산악 농가들이 있어 치즈를 저렴한 가격에 구입할 수 있음

▣ 벨 에포크 시대로부터 내려오는 홀리데이 샬레와 호텔, 베르너 오버란트 휴가 리조트 등이 위치하고 있으며 보존이 잘 되어 있는 산악 마을

• 벵겐 마을 전경

# 9. 뮈렌

아늑하고 아름다운 산악 청정 마을

▣ Mürren. 일반 차량 진입이 불가능하고 인구 450여 명이 거주하는 청정 무공해 산악 마을로 아이거, 묀히, 융프라우 3개의 산의 전망을 감상할 수 있음

▣ 이 마을은 007 시리즈의 〈여왕 폐하 대작전(On Her Majesty's Secret Service)〉 촬영지로 유명한 쉴트호른으로 가기 위해 경유해야 하는 아름다운 마을로 고지대에 자리한 덕분에 맑은 공기와 아름다운 알프스 풍경을 감상할 수 있는 명소임

▣ 아늑한 산골 마을의 분위기와 아름다운 전경을 자랑하는 뮈렌은 융프라우 지역의 최고 명소 중 하나로 손꼽힘

• 뮈렌

# 10. 쉴트호른

007 영화 촬영지이자 유명 산악 관광지

- ▣ Schilthorn. 해발 2,970m에 위치한 과거 영화 촬영 세트장. 007 시리즈의 〈여왕 폐하 대작전〉을 촬영했던 곳으로 현재는 보강을 거쳐 유명 산악 관광지가 되었음
- ▣ 쉴트호른에서는 360도 회전 레스토랑 피츠 글로리아(Piz Gloria)에서 아이거, 묀히, 융프라우 등 약 200개가 넘는 알프스 봉우리들을 감상할 수 있음
- ▣ 알프스의 아름다운 자연을 감상할 수 있으며 고산 지대에 위치한 영화 촬영지라는 재미있는 특징을 지닌 곳

• 쉴트호른

# 11. 하더쿨름

전망대와 레스토랑이 있는 인터라켄의 산

- Harder Kulm. 인터라켄의 산이라 불리며 아이거, 묀히, 융프라우뿐만 아니라 툰 호수와 브리엔츠 호수까지 전경을 바라볼 수 있는 전망대와 레스토랑이 있는 곳
- 새롭게 설치된 플랫폼에서는 아름다운 인터라켄의 경치와 알프스산맥의 전망을 감상할 수 있으며 레스토랑에서 스위스의 전통 음식을 즐기면서 휴식을 취할 수 있음

• 하더쿨름

▣ 관광 케이블카 하더반(Harderbahn)이 인터라켄과 레스토랑 근처 역을 연결하고 있으며 케이블카 탑승 총 소요 시간은 8분 정도로 케이블카에서 알프스산맥을 감상하며 산 정상까지 오를 수 있음

• 하더쿨름 전망대(Two Lakes Bride)

• 하더쿨름 레스토랑

# 12. 슈피츠

기후가 온화하고 로맨틱한 분위기의 작은 도시

- ▣ Spiez. 툰 호수의 언덕과 포도원 사이에 위치한 작은 도시로 온화한 기후와 양지바른 지역 특성 때문에 이 지역 부유층들이 거주하며 로맨틱한 장소로 유명함
- ▣ 슈피츠 고성 주변으로 와이너리가 위치하며 호숫가에는 레저용 보트가 정박해 있는 매력적인 풍경과 특유의 평화로운 분위기 덕분에 많은 사람들이 찾는 명소임
- ▣ 슈피츠는 교통의 요지로서 여행의 시작 지점으로 삼기 좋고 가벼운 하이킹을 즐기거나 미식 여행지로도 유명함

• 슈피츠 전경

# 13. 브리엔츠 호수

청록색의 아름다운 호수

- ▣ Lake of Brienz. 무려 14km의 길이와 넓이 2.8km에 달하는 긴 호수로 청록색의 맑은 물과 주변 알프스산맥의 풍경으로 유명한 자연 명소 중 하나임
- ▣ 호수 자체에 영양분이 없어 물고기가 많이 서식하지 않는 까닭에 어업은 많이 발달하지 않았지만 아름다운 호수를 주변으로 옛날부터 마을이 발달했고 현재는 아름다운 관광지로 유명함
- ▣ 전통적인 스위스 문화를 경험할 수 있는 브리엔츠 마을, 1839년부터 운영된 정기보트 서비스 등 다양한 관광을 할 수 있으며 카약 등의 레저 활동까지 즐길 수 있어 인기 많은 관광지임

• 브리엔츠 호수

# 14. 이젤트발트

브리엔츠 호수 남쪽의 작지만 전통 있는 마을

■ Iseltwald. 브리엔츠 호수 남쪽에 있는 마을로 규모는 작지만 마을 전체가 스위스 문화유산의 일부이고 중세 시대부터 내려오는 제부르크(Seeburg) 고성이 있을 만큼 오랜 전통이 있는 마을임

■ 드라마 〈사랑의 불시착〉에서 주인공이 피아노를 연주했던 촬영지로 알려져 있으며 평화로운 분위기와 아름다운 자연경관이 유명한 명소임

■ 현재는 카약, 패들 등 호수에서 즐길 수 있는 액티비티로 유명한 여름 관광지이며 호숫가 주변으로 호텔, 레스토랑 시설이 잘 갖춰져 있어 유람선으로 방문하는 관광객이 많음

• 호수에서 보이는 이젤트발트 마을

# 14

# 장크트모리츠

## 1. 장크트모리츠 개황

- ▣ 장크트모리츠(St. Moritz)는 전 세계 대기업의 오너들, 할리우드 스타 등의 셀럽들과 스위스 현지인이 가장 사랑하는 휴양지로 호텔, 럭셔리 브랜드들이 모여 있으며 아름다운 자연경관을 즐길 수 있고 동계 올림픽을 두 번이나 개최한 봅슬레이 발상지임
- ▣ 면적: 28.69km²
- ▣ 높이: 1,822m
- ▣ 인구: 4,926명(2023년)
- ▣ 위치: 스위스 남동부(그리슨주)
- ▣ 기후: 연평균 최고 기온 9.0℃, 최저 기온 -4.6℃, 연평균 강수량 710mm, 강설량 254cm

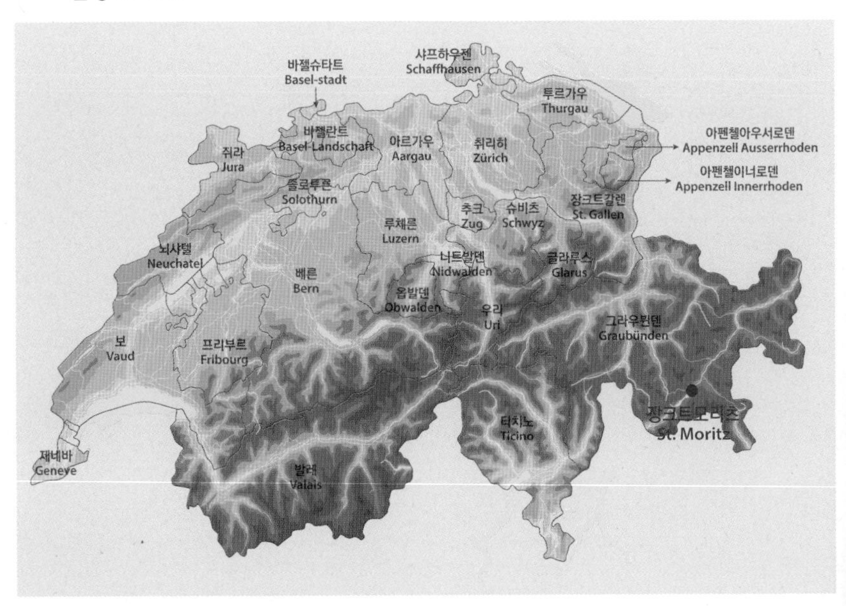

• 장크트모리츠 호수

■ 장크트모리츠 주요 명소 지도

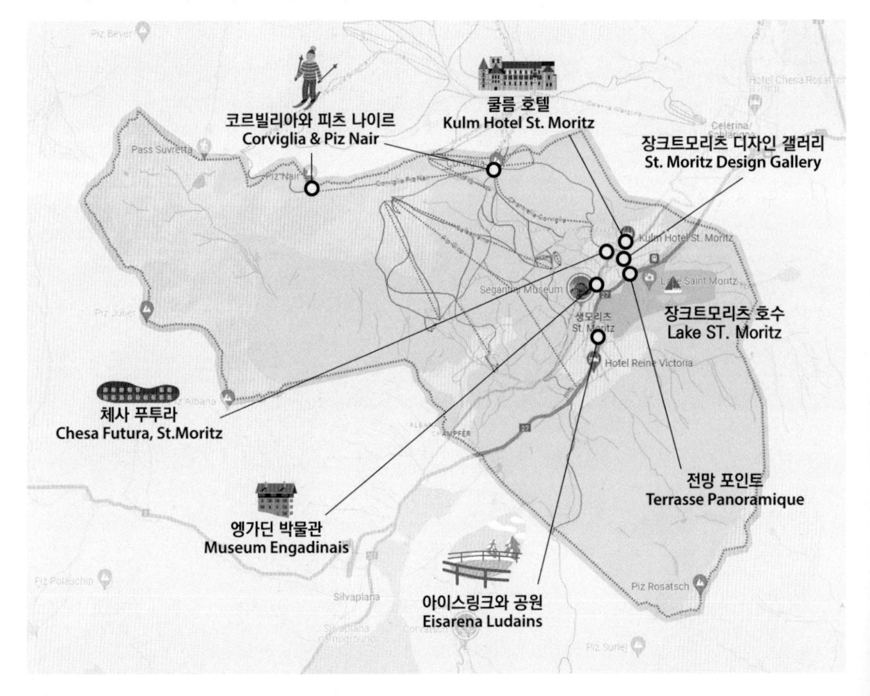


■ 주요 특징

- 장크트모리츠는 고급 휴양지이자 자연환경과 스포츠, 문화적 활동을 결합한 곳으로 세계 각지의 관광객들이 많이 찾는 곳임
- 봅슬레이의 발상지이자 1882년 최초의 유럽 아이스 스케이팅 선수권 대회가 개최되었으며 1928, 1948년 총 두 번의 동계 올림픽을 개최함
- 일년에 300일 이상 맑은 날씨이며 매년 겨울에는 장크트모리츠 호수에서 국제 상류층이 참석하는 '화이트 터프(White Turf)' 경마 대회가 열림
- 기차역이 있는 나라에서 가장 높은 도시로 기차와 버스 지역의 허브임

# 1. 장크트모리츠 호수

알프스를 푸근하게 안고 있는 호수

- Lake St. Moritz. 표면적이 0.78km²로 엥가딘 계곡의 주요 호수(실스 호수, 실바플라나 호수)보다 작음
- 호수의 최대 길이는 1.6km, 수심 최대 깊이는 44m, 물의 양은 2,000만m³(1만 6,000 acre·ft), 고도 1,768m에 위치함
- 매년 1~2월 초에 호수에서 스노폴로 경기가 열리며 2월의 주말에는 세 차례에 걸쳐 얼어붙은 호수에서 경마대회가 열리기도 하는데 스포츠 매니아들 사이에서 스키조링이라는 새로운 스포츠를 만들어 낸 지역이기도 함
- 알프스 주변으로 펼쳐진 넓은 호수는 연중 고른 기후와 풍부한 햇살로 유럽 최고의 휴양지로 손꼽히는 지역으로 마을 곳곳에 남아 있는 오랜 건물들이 고색창연함을 더해 줄 뿐만 아니라 알프스 만년설에서 내려오는 시원한 샘이 자연의 경이로움을 더해 줌

• 고풍스러운 마을과 알프스산을 감싸고 있는 장크트모리츠 호수의 전경

# 2. 코르빌리아와 피츠 나이르

한눈에 담기는 산과 호수의 파노라마

## 1) 코르빌리아

- ▣ Corviglia. 그라우뷘덴(Graubünden)주의 장크트모리츠가 내려다보이는 피츠 나이르(Piz Nair)의 동쪽 경사면에 위치하고 있으며 높이는 해발 2,486m(8,156ft)임
- ▣ 코르빌리아는 마을에서 찬타렐라(Chantarella)를 거쳐 장크트모리츠-코르빌리아(St. Moritz-Corviglia) 케이블카를 타고 이동할 수 있으며 공중 트램웨이가 서쪽으로 피츠 나이르까지 올라감
- ▣ 피츠 나이르에 도착하기 전 전망대의 역할을 하여 어린이들을 동반한 가족들이 신나는 시간을 보낼 수 있는 호수와 놀이터, 산책로가 있어 주민들에게 사랑받고 있음
- ▣ 코르빌리아는 또한 스키장 이름이기도 하여 인근 마을 주민들은 물론 세계 각국의 관광객들이 방문하고 있으며 실제 1948년 스위스 동계올림픽과 1974년과 2003년에 FIS 알파인 세계 스키 선수권 대회가 개최된 장소이기도 함

• 코르빌리아에서 스키를 즐기는 관광객과 주변 레스토랑*

• 코르빌리아

## 2) 피츠 나이르

▣ Piz Nair. '검은 산'이라는 뜻을 가지고 있는데 해발 3,057m의 높이를 자랑하여 장크트모리츠 호수와 주변 알프스, 엥가딘 일대를 한눈에 바라볼 수 있는 산임

▣ 마을에서 케이블카, 리프트를 이용하여 쉽게 접근할 수 있으며 파노라마처럼 펼쳐진 산의 절경이 아름다워 명성이 높음

• 정상에서 바라본 호수와 엥가딘 밸리

# 3. 체사 푸투라

혁식적 친환경 아파트

▣ Chesa Futra. 영국의 건축가이자 디자이너로 활동하는 노먼 포스터(Norman Foster)가 기획한 프로젝트로 미래지향적인 디자인과 전통 기술을 결합하여 2004년에 완공한 혁신적 친환경 아파트

▣ 스위츠 시내를 굽어보는 체사 푸투라는 전망을 극대화하고자 비정형 형태로 설계된 아파트인데 25만 장의 낙엽송 널판으로 만들어졌으며 탄소 배출을 줄이고 지속가능한 건축 방법을 강조하며 외관이 마치 땅콩을 연상시킬 만큼 귀엽고 깜찍한 디자인으로 설계됨

• 귀여운 땅콩 같은 체사 푸투라 외관

# 4. 무오타스 무라이 트레킹

엥가딘 지역의 아름다운 정상

- Muottas Muragl Trekking. 무오타스 무라이는 2,429m에 달하는 높이를 자랑하는 곳으로 푸니쿨라를 타면 갈 수 있어 트레킹이 초보인 사람들도 아름다운 스위스의 자연을 느낄수 있는 트레킹 코스 중 하나
- 그림처럼 펼쳐진 산의 풍경을 장크트모리츠 시내 전경과 함께 감상할 수 있으며 얼음으로 뒤덮인 베르니나 지역의 봉우리, 계곡, 호수, 스키까지 자연과 레포츠를 즐길 수 있음. 트레킹 총 소요 시간은 약 2시간 정도

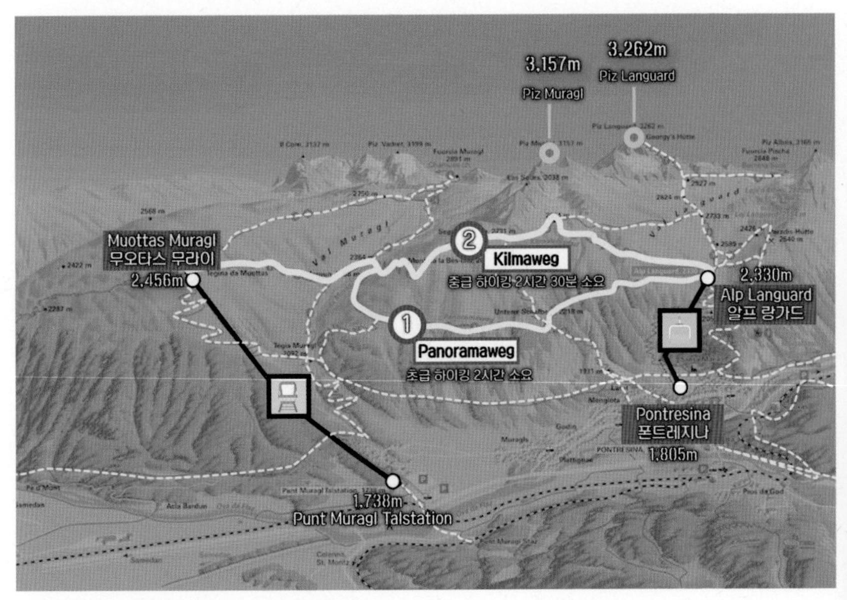


• 무오타스 무라이 트레킹 해발고도 정보 위치 지도

▣ 정상에는 산악 레스토랑과 호텔이 있어 저녁에만 즐길 수 있는 풍경과 함께 아름다운 저녁 식사를 즐기기 좋은 지역으로 알려져 있음

• 트레킹을 즐기는 관광객

• 구름이 끼어 광활하게 펼쳐진 장크트모리츠 자연 풍경

# 5. 실바플라나 호수

시냇물처럼 흐르는 푸른 얼음 호수

▣ Lake Silvaplana. 장크트모리츠 옆 그리종스의 어퍼 엥가딘(Upper-Engadine)에 자리한 해발 1,800m의 조그마한 마을이자 호수

▣ 평균 깊이 48m, 최대 깊이가 77m에 이르며 최대 길이는 3.1km(약 1.9마일) 정도이며 북쪽 끝에는 캠프장이 위치하고 있음

▣ 여름에는 카이트서핑이나 윈드서핑과 같은 수상 스포츠를 즐기며 겨울에는 바람을 타고 얼음 호수를 달리는 스노카이트, 크로스컨트리스키, 스키마라톤 등 많은 스포츠 대회를 주최하고 있음

▣ 스키나 스노보드를 신고 양손에는 패러글라이더를 붙잡은 사람들이 광활한 얼음 호수를 질주하며 장관을 보여 주기도 하는 등 레저 스포츠가 다양하게 이루어지는 장소임

• 호수 위로 카이트서핑을 즐기는 사람들

15

# 마이엔펠트

## 1. 마이엔펠트 개황

- ▣ 마이엔펠트(Maienfeld)는 스위스 동부에 위치한 작은 마을로 세계적으로 유명한 어린이 동화 〈하이디(Heidi)〉의 배경지로 알려져 있으며 와인 생산지로도 유명하고 아름다운 풍경과 포도밭으로 둘러싸여 있어 와인 투어와 자연 감상을 즐기는 여행객들에게 인기 있는 명소임
- ▣ 면적: 32.33km$^2$
- ▣ 높이: 635m
- ▣ 인구: 3,193명(2023년)
- ▣ 위치: 스위스 동부(그라우뷘덴주)

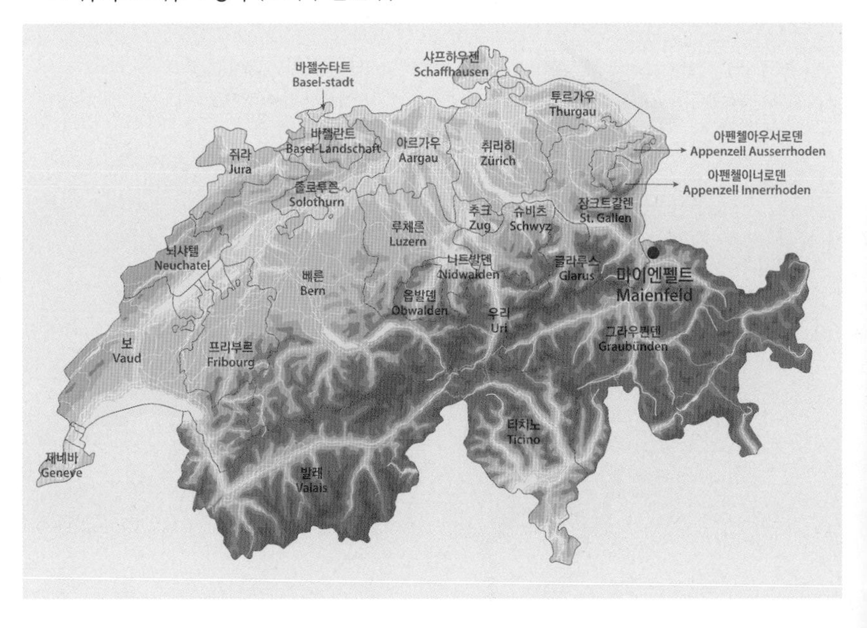

• 마이엔펠트

• 마이엔펠트의 하이디 마을

■ 마이엔펠트 주요 명소 지도

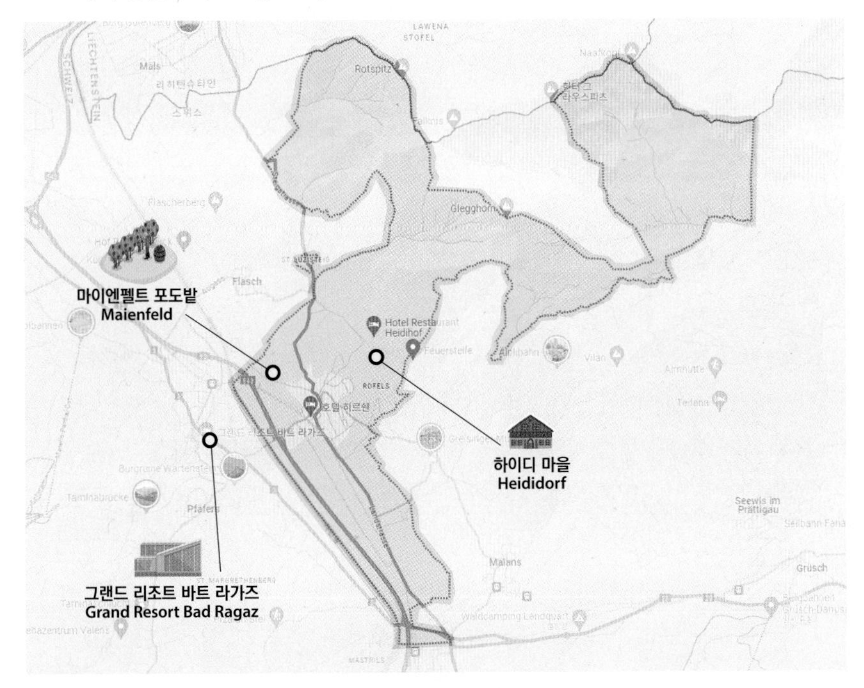


■ 주요 특징

- 마이엔펠트는 스위스 작가 요하나 슈피리(Johanna Spyri)의 세계적으로 유명한 어린이 동화 〈하이디〉의 배경지로 알려져 있고 아동문학의 선구자적 역할을 함
- 마이엔펠트와 그라우뷘덴주는 스위스의 주요 와인 생산지 중 하나로 특히 피노 누아와 생로란 등의 품종으로 만든 와인이 인기 있으며 포도밭과 와인 투어를 즐기는 관광객들이 많이 방문함
- 마이엔펠트는 스위스 알프스의 아름다운 풍경으로 둘러싸여 있으며 하이킹, 자전거 타기 및 자연 감상을 즐기기에 좋음
- 마이엔펠트와 주변 지역에는 고급 호텔, 레스토랑, 그리고 그랜드 리조트 바트 라가즈와 같은 휴양지 시설이 있어 휴식과 휴양지로서도 인기가 많음

# 1. 하이디 마을

## 동화 〈하이디〉의 배경이 된 마을

- Heididorf. 마이엔펠트의 시골 마을로 동화 〈하이디〉가 이 지역을 배경으로 삼으면서 이를 모티브로 관광 스토리를 만들어 냈고 오늘날 매년 15만 명 이상이 방문하는 유명 관광지임
- 관광청은 하이디를 찾는 관광객을 위해 마이엔펠트 고지대의 낡은 집들을 사들여 동화 속 하이디 마을을 구현했고 덕분에 방문객들은 하이디의 집을 방문하고 작품 속에 등장하는 주요 장면을 경험할 수 있음
- 낡은 집을 사들이고 오래되고 낡은 물건들을 그대로 전시하여 관광객들은 100년 이상 지난 하이디 집에서 세월과 함께 하이디의 추억을 공유할 수 있음

• 하이디 마을

# 2. 마이엔펠트 포도밭

높은 품질의 와인이 생산되는 곳

- ▣ 마이엔펠트는 '하이디'의 마을일 뿐만 아니라 높은 품질의 와인으로도 잘 알려져 있어 아름다운 포도밭과 마을 길을 마주할 수 있음
- ▣ 특히 그라우뷘덴 지역은 '스위스의 부르고뉴'라고도 불릴 만큼 질 좋은 와인이 생산되고 있으며 비교적 온화한 기후와 일조량, 따뜻하고 건조한 바람에 의해 기온이 고온 건조해지는 푄 현상, 석회질이 풍부한 토양으로 인해 포도 재배에 이상적임
- ▣ 와인 트레일을 따라 마이엔펠트를 하이킹하다 보면 곳곳에서 와이너리를 마주할 수 있으며 이곳에서는 와인과 함께 가벼운 식사 및 휴식을 취할 수 있어 많은 사람들이 방문하는 명소임

• 마이엔펠트 포도밭

# 3. 그랜드 리조트 바트 라가즈

스위스의 부유층 온천 휴양지

- ▣ Grand Resort Bad Ragaz. 스위스의 럭셔리 스파 리조트로 세계적인 스파와 웰니스 시설로 유명하며 그라우뷔넨주에서 가장 크고 현대적인 스파 리조트 중 하나임
- ▣ 이 리조트는 두 개의 엘리트 호텔인 그랜드 호텔 켈렌호프 앤드 스파 스위츠(Grand Hotel Quellenhof & Spa Suites)와 그랜드 호텔 호프 라가즈(Grand Hotel Hof Ragaz)로 구성되어 있고 총 233개의 고급 객실과 스위트룸을 갖추고 있음

• 그랜드 리조트 바트 라가즈의 외관

■ 리조트 내에 다양한 스파 시설, 온천 및 야외·실내 수영장, 골프장, 테니스 코트, 레스토랑, 바, 쇼핑 시설 등이 있어 휴가를 즐기기에 이상적이며 아름다운 산과 자연경관을 감상하기에도 좋은 명소 중 하나임

※ 리조트내 총 6개의 미슐랭스타를 받은 7개의 레스토랑이 있음

• 내부 시설 중 하나인 골프장

• 깨끗한 환경과 잘 조성된 공원

16

# 아펜첼

## 1. 아펜첼 개황

- ▣ 아펜첼(Appenzell)은 스위스 북동쪽에 있는 작은 마을로 관광지로 뒤늦게 개발되었으나 직접 민주주의 전통문화, 독자적인 생활양식이 잘 보존되어 내려온 덕분에 현재 가장 각광받고 있는 명소 중 하나로 특유의 전통 행사가 많아 스위스의 '숨겨진 보물' 같은 느낌이 드는 장소임
- ▣ 면적: 16.86km²
- ▣ 높이: 777m
- ▣ 인구: 6,009명(2023년)
- ▣ 위치: 스위스 북동부(아펜첼이너로덴주)

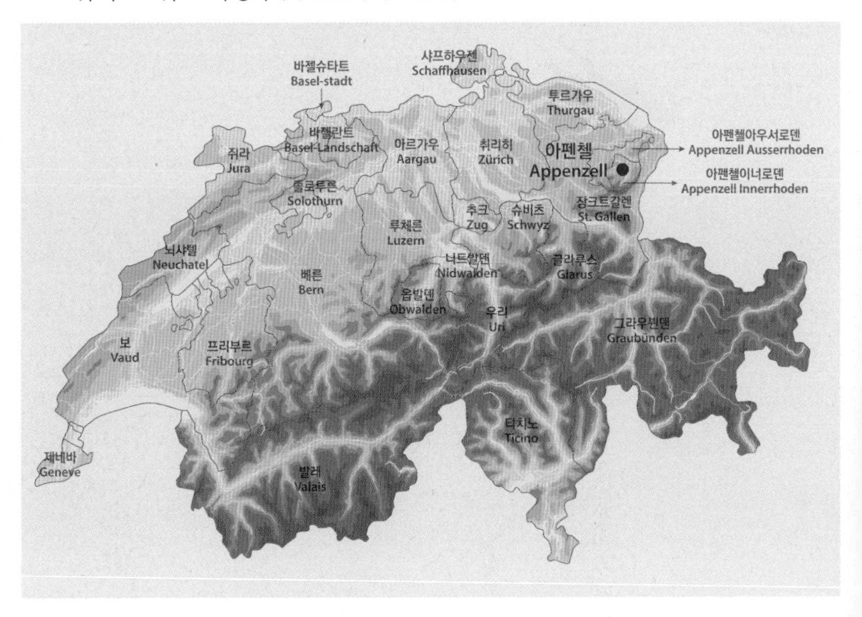

• 아펜첼의 풍경

• 아펜첼의 마을 광장

▣ 아펜첼 주요 명소 지도

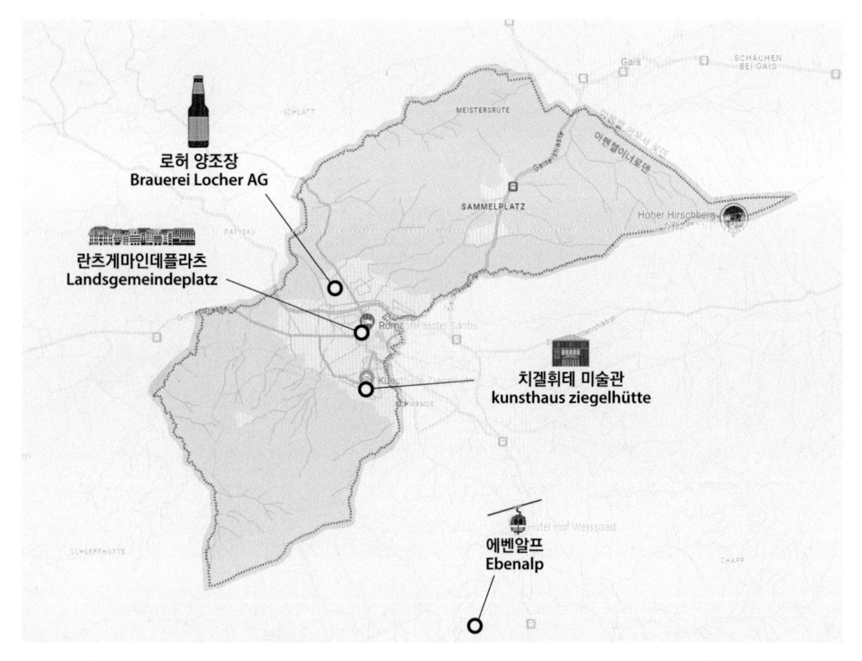


▣ 주요 특징

- 과거 아펜첼은 섬유 산업이 발달하여 이를 기반으로 지역의 풍경을 수로 놓아 만든 '타핀'이 유명함
- 마을의 교회, 시청, 살레시스 하우스, 캐슬 클랑스 유적, 행정 건물이 있는 국가 기록 보관소 등은 문화유산으로 등재되어 있음
- 아펜첼은 감미로운 맛과 향이 특징인 유명한 스위스 치즈인 아펜첼러(Appenzeller) 치즈의 고향으로도 알려져 있음
- 아늑한 마을의 분위기와 독특한 건축 양식과 매력적인 골목길에서 중세 시대의 분위기를 느낄 수 있으며, 마을 광장에는 전통적인 시계 탑과 교회가 자리하고 있음

# 1. 에벤알프

아찔한 절벽 산장이 있는 알프스 최북단 하이킹 명소

## 1) 개요

▣ Ebenalp. 아펜첼 알프스의 최북단 정상인 동시에 매년 최대 20만 명의 하이킹 방문객들이 찾는 곳으로, 1955년부터는 바세라우엔에서 케이블카로 접근할 수 있게 됨

▣ 산의 높이는 1,640m(5,380ft)인데 높은 고원까지 올라오면 구불구불한 언덕이 탁 트인 전망을 감상할 수 있으며 동굴을 통해 빌트키르흘리(Wildkirchli) 오두막까지 연결됨

• 절벽 밑 구불구불한 산길과 연결된 에벤알프의 전경

▣ 이곳에는 '애셔(Aescher) 산장'이라는 숙소가 있는데 산장 주변이 절벽이기 때문에 웅장하면서도 아찔한 광경을 목격할 수 있는 곳임

▣ 애셔 산장은 트레킹을 즐기는 전 세계 트레커들에게는 이미 유명세를 떨치고 있으며 영국 BBC 방송에서는 죽기 전에 꼭 가 봐야 할 곳, 세계 최고의 레스토랑으로 선정되기까지 함. 절벽 위에서 마주하는 자연 절경의 아름다움을 직접 느껴볼 수 있음

• 에벤알프를 연결해 주는 케이블카

• 에벤알프의 뷰를 보며 식사와 차를 즐기는 트레킹 관광객

## 2) 절벽에 매달린 듯한 비경의 산장 여관 '애셔'

▣ 에벤알프 해발 1,640m 아래에 있는 빌트키르흘리 동굴 중 하나에 지어져 있음

▣ 1846년부터 운영해 왔으며 현재도 운영 중에 있어 스위스에서는 역사 있고 가장 오래된 여관이자 산장으로 알려짐

▣ 최초에는 은둔 승려를 위해 바위 쉼터 대신 세워진 것이었지만 그 뒤로 지역 농부들이 주로 이용했으며 2010년대부터 여행지로 각광받기 시작하여 2015년《내셔널지오그래픽》에 세계에서 가장 아름다운 곳으로 선정됨

▣ 매년 20만 명의 방문객으로 문전성시를 이루었지만 과부하 현상으로 인해 2017년부터 2021년까지 운영을 임시 중단하기도 했음

• 애셔 산장 가는 길

• 애셔 산장 전경

# 2. 치겔휘테 미술관

벽돌 공장을 미술관으로 재생

- Kunsthaus Ziegelhütte. 아펜첼의 박물관이자 문화 센터인데 화가인 카를 아우구스트 리너(Carl August Liner)와 그의 아들인 카를 발터 리너(Carl Walter Liner)에 대한 전시회 외에도 20세기와 21세기의 예술품을 전시하고 있음
- 콘서트홀과 카페가 있어 댄스 이벤트와 낭독회, 콘서트도 정기적으로 진행하고 있으며 현대 회화, 조각, 사진, 단행본 등 다양한 전시 진행도 하는 등 문화 공간의 역할을 담당하고 있음
- 16세기 초에 만들어진 아펜첼 벽돌 공장이 시초가 되었으며 아펜첼 마을 전체를 강타한 큰 화재가 발생하여 6년 뒤인 1566년 벽돌 공장이 재건되었음
- 18세기 후반부터는 벽돌 공장이 사유 재산화되어 몇 차례 소유권이 변경된 후 1957년까지 운영과 폐쇄를 거듭하다 46년 후인 2003년에 다기능 문화 센터로 전환하여 미술관이 탄생함

• 치겔휘테 미술관 전경*

17

# 크랑몬타나

## 1. 크랑몬타나 개황

- ▣ 크랑몬타나(Crans-Montana)는 스위스 사람들이 살고 싶어 하는 최고의 휴양지로 아름다운 알프스산맥의 전망과 트레킹, 스키 등의 다양한 야외 활동으로 유명하며 고급스러운 리조트와 레스토랑이 위치하여 편안한 휴가를 즐기기에 적합하고 문화적인 행사와 축제도 많이 열리는 명소임
- ▣ 면적: 59.66km$^2$
- ▣ 인구: 1만 488명(2023년)
- ▣ 위치: 스위스 남서부(발레주)
- ▣ 기후: 연평균 최고 기온은 10.5℃, 최저 기온 2.1℃, 연평균 강수량 692mm, 강설량 425cm, 여름이 따뜻하고 습한 대륙성 기후이며 강수율이 낮은 편임

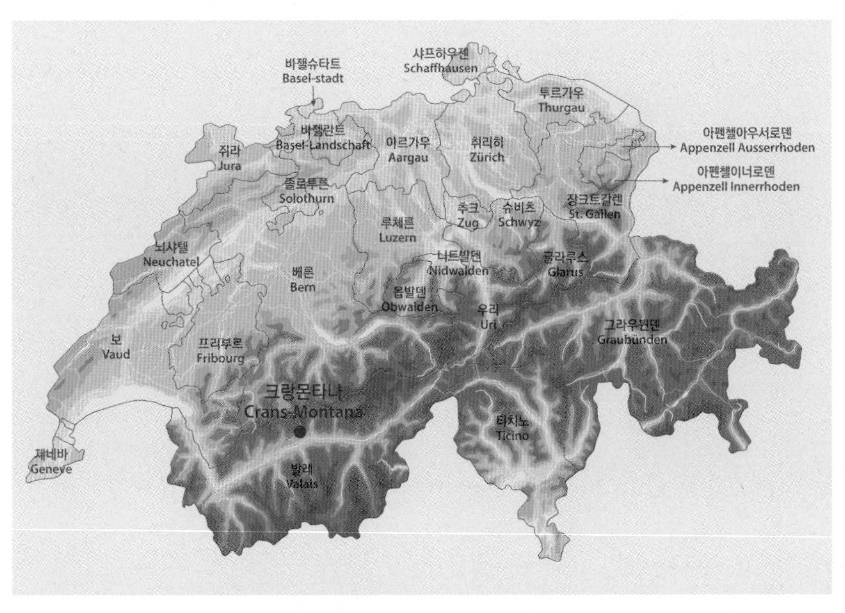

• 크랑몬타나 풍경

• 그르농 연못

▣ 크랑몬타나 주요 명소 지도

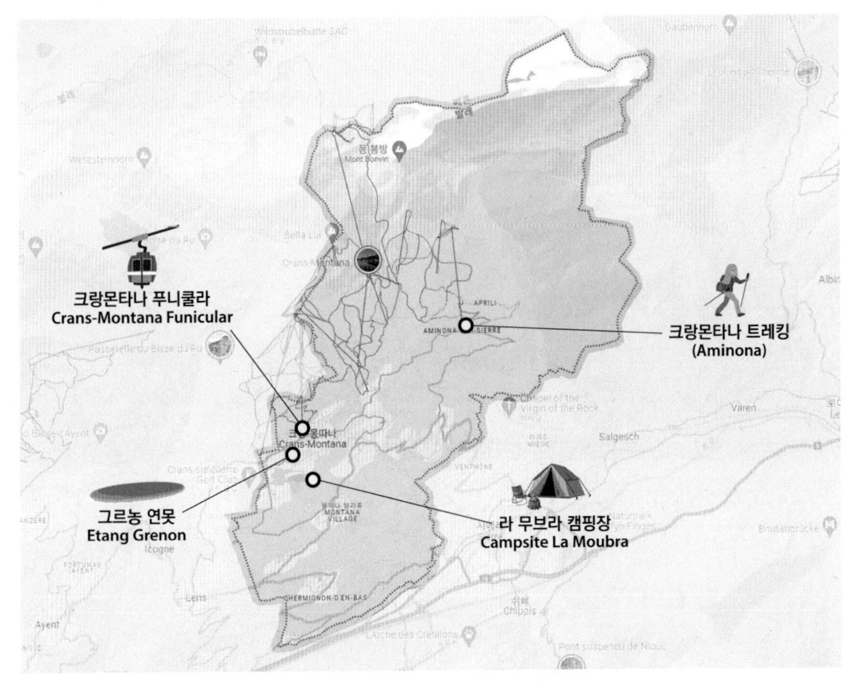


▣ 주요 특징

- 크랑몬타나는 해발 1,500m 고원에 위치하며 이 지역은 크랑(Crans)과 몬타나(Montana) 두 마을이 합쳐진 곳으로 알프스산맥의 아름다운 풍경을 배경으로 한 스키 리조트로 유명하며 다양한 난이도의 슬로프와 리프트가 있어 스키어들에게 매우 인기가 많음
- 이곳에서는 겨울 산 팝 록 페스티벌인 카프리스 페스티벌과 매년 9월에 열리는 유러피언 투어의 오메가 유러피언 마스터스 프로 골프 토너먼트가 개최됨
- 2025년 UCI 산악자전거 세계 선수권 대회, 2027년 FIS 알파인 세계 스키 선수권 대회를 개최할 예정임
- 국제적으로 유명한 레 로슈(Les Roches) 국제 호텔 경영 학교가 위치하고 있음

# 1. 크랑몬타나 트레킹

럭셔리 리조트와 레스토랑을 즐길 수 있는 트레킹 코스

## 1) 개요

▣ 크랑몬타나 지역의 알프스산맥의 아름다운 풍경과 다양한 자연경관 덕분에 트레킹을 즐기기에 이상적인 장소로 알프스의 빙하, 호수, 초원, 숲 등 다양한 크랑몬타나만의 풍경을 만나볼 수 있음

▣ 크랑몬타나에는 총 320km의 경로로 구성된 다양한 난이도와 길이의 트레킹 코스가 있어 가벼운 산책로부터 어려운 등산로까지 누구든 자신에게 맞는 길을 찾아 여행할 수 있음

▣ 크랑몬타나의 트레킹 코스에서는 트레킹을 통해 주변 자연경관을 감상할 수 있을 뿐만 아니라 스키, 스노보드를 즐길 수 있고 리조트 및 레스토랑을 이용할 수 있음. 대표적인 주변 명소로 아미노나(Aminona) 리조트, 플루마히트(Plumachit) 레스토랑 등이 있음

• 크랑몬타나의 트레킹 코스 풍경

## 2) 주변 명소

### (1) 아미노나 리조트(스키를 즐길 수 있는 크랑몬타나의 럭셔리 리조트)

- 다양한 난이도와 길이의 스키 트랙을 보유하고 있어 스키와 스노보드를 즐길 수 있고 레스토랑, 바, 스파 시설 등도 함께 있어 스키 후에는 온수 욕조에서 휴식을 취하기에도 적합함

### (2) 플루마히트 레스토랑(맛있는 음식과 함께 여유를 즐길 수 있는 레스토랑)

- 알프스의 아름다운 풍경 속에서 전통적인 스위스 요리부터 국제적인 요리까지 다양한 메뉴를 제공하는 레스토랑으로 크랑몬타나의 아름다운 경치를 감상하면서 휴식을 즐길 수 있음

# 2. 그르농 연못

휴식을 즐길 수 있는 작은 호수

■ Etang Grenon. 해발 1,497m, 면적 3.5h의 작은 호수로 크랑몬타나의 잔잔한 마을 분위기를 느낄 수 있고 풍경을 감상하기에 좋은 명소임

■ 호수 주변을 둘러보는 데 약 30분 정도가 소요되는데 크랑몬타나라고 적힌 큰 조형물은 밤에 불이 켜지며 마을을 비추고 여름에는 거대한 물고기와 오리를 볼 수 있음

■ 이 호수는 풍부한 어종이 서식하는 호수로 알려져 있어 낚시꾼들도 많이 찾는 명소이며 벤치나 휴식 공간 또한 마련되어 있어 크랑몬타나의 자연경관과 함께 여행객들이 평온한 휴식을 취할 수 있음

• 그르농 연못 풍경

# 3. 라 무브라 캠핑장

자연을 즐길 수 있는 편안한 캠핑장

▣ Campsite La Moubra. 크랑몬타나에 있는 인기 있는 캠핑장 중 하나로 나무와 휴양용 연못이 옆에 있어 자연을 즐기고 싶어 하는 사람들에게 매우 인기 있는 명소임

▣ 이곳에서는 어린이들도 함께 나무타기, 캠핑장, 연못 배 타기 등 다양한 체험을 할 수 있으며 하이킹, 자전거 등의 야외 활동까지 즐길 수 있음

▣ 케이블카 및 기타 스포츠 시설과 가깝고 무료 셔틀버스, 전기자전거 충전소 등이 마련되어 있어 접근하기 편리하여 다양한 액티비티와 겨울 스포츠를 즐기기에 이상적인 산악 캠핑장임

• 라 무브라 캠핑장

# 18
# 기타 자료

## 1. 스위스 와인 - 희귀하고 생산량이 적은 품질 좋은 와인

### 1) 스위스 와인 개요

▣ 스위스 와인은 다양한 포도 품종과 지역적 특성을 반영하여 풍부하고 균형 잡힌 맛과 향이 특징이며 뛰어난 생산 기술과 품질 관리로 인해 최근 몇 년 동안 국제적인 주목을 받고 있는 와인 중 하나임

▣ 스위스 와인 생산지의 포도원 규모가 비교적 작고 가파른 언덕에 위치해 있기 때문에 다른 국가에 비해 생산량이 제한적이므로 양보다 질에 중점을 두는 것이 특징

▣ 스위스에서는 200가지가 넘는 종류의 포도가 재배되고 있으며 가장 널리 재배되는 품종은 샤슬라(Chasselas)라는 백포도 품종으로 과일향의 상쾌한 산도가 특징이며 그 외 40종 이상이 스위스만의 토착종이고 전체 생산량의 극히 일부만이 수출되고 있기에 오늘날 스위스 와인은 매우 희귀하고 귀중하다는 평가를 받고 있음

▣ 대표적인 와인 생산 지역은 제네바, 발레, 티치노, 스리 레이크스(Three Lakes) 지역 등이 있으며 2022년 기준 스위스 와인은 약 9,900만 병을 생산했고 대부분의 스위스 와인은 국내에서 소비되고 있음

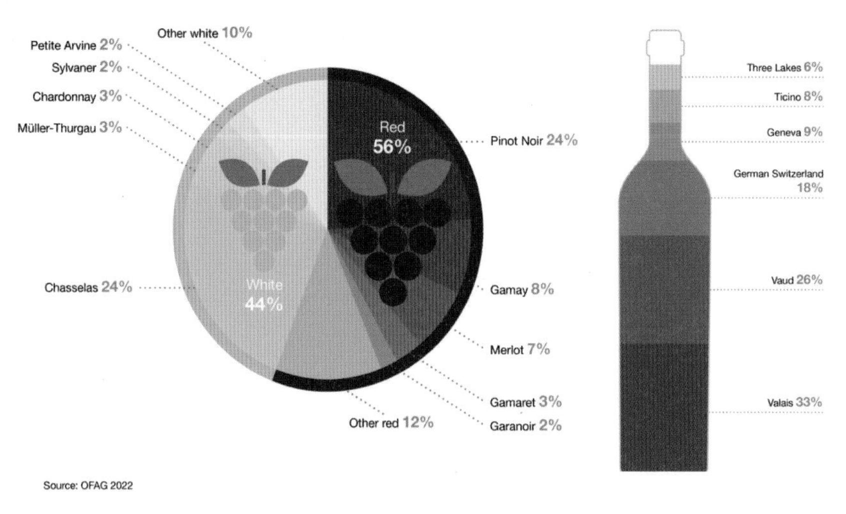


• 스위스 상위 10개 포도 품종 및 지역별 생산 비율 출처: www.myswitzerland.com

## 2) 스위스 대표 와인 생산 지역

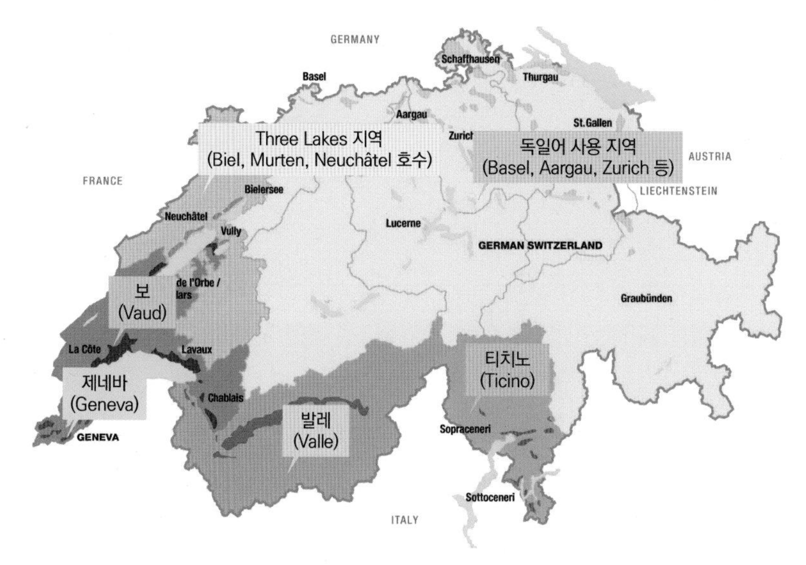


• 스위스 주요 포도 생산지 출처: www.myswitzerland.com

## 2. 스위스 주요 파노라마 철도 – 스위스의 풍경을 감상할 수 있는 대표적인 파노라마 열차

### 1) 스위스 철도 개요

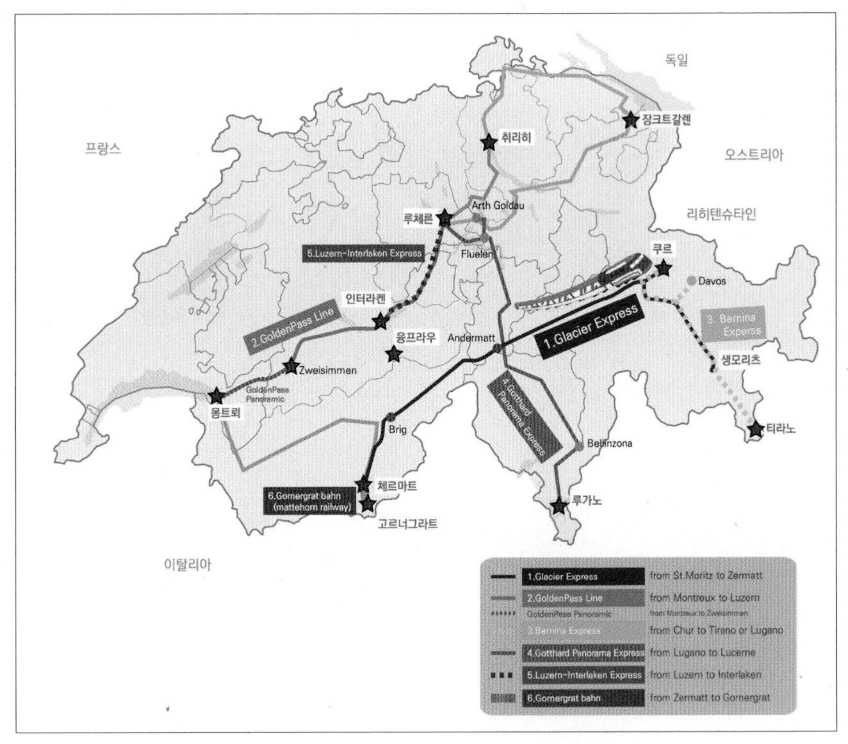


• 스위스 주요 기찻길 노선도

- ▣ 스위스 연방 철도(SBB)는 스위스의 국유 철도이자 철도 공기업임
- ▣ 하루에 9,000대의 기차가 대략 3,000km의 SBB 철도망 위를 운행 중이며 스위스의 면적은 남한의 절반에 미치지 못하지만, 전국에 깔려 있는 선로는 5,223km임(우리나라의 철로 길이는 약 3,600km)
- ▣ 세계철도연맹(UIC)에 따르면 2015년 기준 1인당 철도로 이동한 거리는 스위스가 2,277km로 1위를 차지했고 노선이 풍부할 뿐만 아니라 정확하고 청결하다는 평가를 받음

## 2) 골든패스 익스프레스

- ▣ 골든패스 라인(GoldenPass Line)은 스위스의 주요 관광지인 몽트뢰-츠바이지멘(Zweisimmen)-인터라켄-루체른을 연결하는 열차 노선으로 약 191km의 길이이며 아름다운 8개의 호수와 웅장한 알프스산맥의 봉우리를 감상할 수 있는 노선으로, 스위스의 그림 같은 풍경을 생생하게 느낄 수 있음
- ▣ 골든패스 라인을 운행하는 유명한 열차로는 골든패스 익스프레스(GoldenPass Express), 골든패스 파노라믹(GoldenPass Panoramic), 골든패스 클래식(GoldenPass Classic)이 있으며 각기 다른 노선과 서비스를 제공함
- ▣ 골든 패스 라인 중 가장 핵심 열차인 골든패스 익스프레스(GoldenPass Express)는 몽트뢰에서 인터라켄까지의 노선으로 이루어져 있고, 신규 파노라마 기차로 스위스에서 가장 있기 있는 관광지인 두 곳을 하루에 최대 4회 운행함
- ▣ 유리창으로 둘러싸인 럭셔리한 시설의 기차 안에서 차창 밖으로 펼쳐지는 거대한 알프스산맥들과 호수를 감상하며 웅장함을 느끼고, 매력적인 마을들을 지나며 끝없이 이어지는 포도원 풍경을 즐길 수 있음

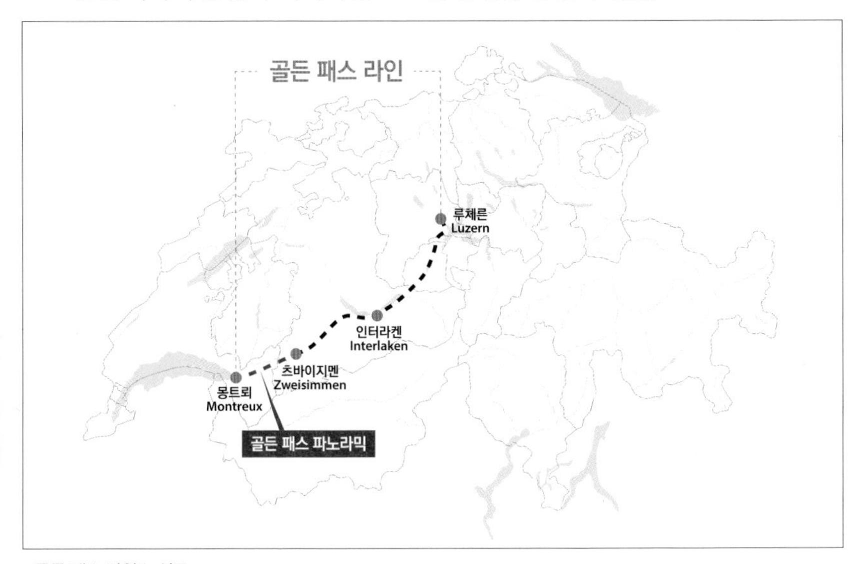


• 골든 패스 라인 노선도

• 골든패스 익스프레스 열차 내부와 풍경

• 골든패스 열차

• 골든패스 열차 창 밖 풍경

### 3) 글레이셔 익스프레스

▣ 장크트모리츠부터 체르마트까지 운행되는 글레이셔 익스프레스(Glacier Express)는 91개의 터널과 291개의 다리, 그리고 2,033m 높이의 오버알프 고개(Oberalp Pass)를 지나는 코스로 운행됨

▣ 세상에서 제일 느린 특급 열차라는 별명을 가진 글레이셔 익스프레스는 약 8시간 동안 스위스 알프스의 중심부를 통과하며 여유로운 속도로 파노라마 여행을 즐길 수 있음

▣ 엥가딘 계곡에서 곧바로 마테호른까지 이어지는 여정은 장크트모리츠부터 체르마트까지 느긋한 속도로 운행하며 높은 파노라마 창문이 설치된 글레이셔 익스프레스 열차 내부에서 화려한 스위스의 풍경을 충분히 즐길 수 있게 해 줌

• 글레이셔 익스프레스의 풍경

• 글레이셔 익스프레스 열차 내부

### 4) 베르리나 익스프레스

- ▣ 베르리나 익스프레스(Bernina Express)는 스위스 엥가딘 알프스를 건너 스위스 쿠어(또는 다보스), 스위스의 포스키아보, 이탈리아 티라노(Tirano)를 연결하는 파노라마 열차이며 노선은 알불라 노선과 베르리나 노선 두 개가 있음. 알불라 노선은 1898년에서 1904년 사이에 건설되었으며 베르니나 노선은 1908년부터 1910년 사이에 건설되었음
- ▣ 스위스 기차 여행을 한다면 이용할 가치가 높은 열차인데 특히 베르니나 급행 노선의 알불라 구간은 아름다운 알프스 풍경을 감상할 수 있는 구간으로 유명하여 2008년 유네스코 세계문화유산으로 등재되었으며 총 144km로 55개의 터널과 196개의 다리를 통과함

  ※ 주요 명소로는 란트바서 고가교(landwasser viaduct), 레이 피첸(Lej Pitschen) 호수, 브루시오 원형 고가교(Brusio Circular Viaduct)가 있음

• 라고 비앙코 구간을 통과하는 베르니나 익스프레스*

19

# 참고 문헌 및 자료

## 스위스

https://www.myswitzerland.com/ko/planning/about-switzerland/custom-and-tradition/watchmaking-on-the-cutting-edge-of-time/

https://www.fhs.swiss/eng/homepage.html

https://www.myswitzerland.com/en/experiences/summer-autumn/summervacations/stories/in-the-watchmaking-valley/

https://en.wikipedia.org/wiki/Watch_Valley

https://swissfood.store/top-10-swiss-chocolate-brands/

## 취리히

https://terms.naver.com/entry.naver?docId=1279657&cid=40942&categoryId=40239

https://mtour.interpark.com/FreeyaSpot?SpotNo=66428

https://www.myswitzerland.com/ko/experiences/grossmuenster/KOTR

https://en.wikipedia.org/wiki/Pavillon_Le_Corbusier

https://en.wikipedia.org/wiki/Le_Corbusier

https://davidkotz.org/2020/05/18/fountains-of-zurich/

https://www.myswitzerland.com/en/experiences/national-museum-zurich

https://rundfunk.fm/

https://en.wikipedia.org/wiki/Wasserkirche

https://en.wikipedia.org/wiki/Wasserkirche

https://en.wikipedia.org/wiki/Predigerkirche_Z%C3%BCrich

https://www.zuerich.com/en/visit/attractions/st-peter

https://www.zuerich.com/en/visit/attractions/rathaus-zuerich

https://en.wikipedia.org/wiki/ETH_Zurich

https://en.wikipedia.org/wiki/Sechsel%C3%A4utenplatz

https://en.wikipedia.org/wiki/Z%C3%BCrich_Opera_House

[1] Lynch, K., 1960. "Kent Ġmgesi", Türkiye Ġş Bankası Kültür Yayınları, Istanbul, 2018.

[2] Rerat, P., Söderström, O., Piguet E., Besson, R., 2010. "From Urban Wastelands to New-Build Gentrification: The Case of Swiss Cities", Population, Space and Place Popul. Space Place 16, 429~442 (2010) Published online 8 October 2009 in Wiley InterScience (www.interscience.wiley.com) DOI: 10. 1002/psp. 595.

[3] Hong J., SiWei Z., 2009. "Renewal Strategies for Old Ġndustrial Areas in the Post-Industrial Age - Take "Zurich-West" in Switzerland as an Example", Sci China Ser E-Tech Sci, Sep. 2009, vol. 52, no. 9, 2510~2516, China.

[4] INURA Zürich Institut, 2013. Immo Dorado Zürich West - Bilanz. Zurich: Mieterinnenund Mieter-verband Zürich.

[5] Karayılanoğlu, G., Çelik, C., 2018. "Atıl Durumdaki Sanayi Yapılarının Yeniden Ġşlevlendirilmesinde

Mekan Kimliğinin Korunması ve Malzeme Kullanımı: Lx Factory Örneği", Uluslararası Ġç Mimarlık Sempozyumu, Msgsü, Istanbul.
Url-1 https://www.im-viadukt.ch/en/information/history/
Url-2 http://www.em2n.ch/projects/viaductarches
Url-3 (https://www.zuerich.com/en/
Url-4 http://www.spillmannechsle.ch/wp/?p=14

https://www.zuerich.com/en/visit/sport/urbansurf
https://www.zuerich.com/en/visit/attractions/zurich-west
https://www.archdaily.com/629237/refurbishment-viaduct-arches-em2n/554d4d67e58ecece-5c00006c-refurbishment-viaduct-arches-em2n-photo
https://www.gpsmycity.com/attractions/niederdorfstrasse-(niederdorf-street)-59066.html
https://www.kcap.eu/projects/4/europaallee-zurich-
https://www.stadt-zuerich.ch/site/europaallee/de/index/anfahrt-lageplan-europaallee.html
https://europaallee.ch/en/
https://www.zuerich.com/en/visit/attractions/uetliberg
https://en.wikipedia.org/wiki/Uetliberg

## 제네바

https://www.myswitzerland.com/en/destinations/lake-geneva/
https://en.wikipedia.org/wiki/Lake_Geneva
https://en.wikipedia.org/wiki/Jet_d%27Eau
https://fr.wikipedia.org/wiki/Horloge_fleurie_de_Gen%C3%A8ve
https://en.wikipedia.org/wiki/Jardin_Anglais
https://www.ungeneva.org/en/about/who-we-are
https://fr.wikipedia.org/wiki/%C3%8Ele_Rousseau
https://en.wikipedia.org/wiki/Parc_La_Grange
https://en.wikipedia.org/wiki/Gen%C3%A8ve-Cornavin_railway_station
https://fr.wikipedia.org/wiki/Cath%C3%A9drale_Saint-Pierre_de_Gen%C3%A8ve
https://www.myswitzerland.com/ko/experiences/old-town-and-cathedral-of-saint-pierre/
https://fr.wikipedia.org/wiki/Place_du_Bourg-de-Four
https://veloland.ch/fr/curiosite-75-place-du-bourg-de-four
https://www.myswitzerland.com/fr/decouvrir/mur-des-reformateurs/
https://fr.wikipedia.org/wiki/Monument_international_de_la_R%C3%A9formation
https://www.gpsmycity.com/attractions/old-arsenal-(ancien-arsenal)-25750.html
https://en.wikipedia.org/wiki/International_Red_Cross_and_Red_Crescent_Museum
https://www.myswitzerland.com/en/experiences/international-red-cross-museum/
https://www.myswitzerland.com/en/experiences/international-red-cross-museum/
https://www.myswitzerland.com/en-nz/experiences/patek-philippe-museum/

https://www.geneve.com/en/attractions/detail/patek-philippe-museum
https://www.patek.com/en/company/patek-philippe-museum/plan-your-visit#&gid=1&pid=6
https://www.patek.com/en/company/patek-philippe-museum/plan-your-visit#&gid=1&pid=6
https://en.wikipedia.org/wiki/Henry_Dunant

## 베른

https://blog.naver.com/PostView.nhn?blogId=islandtake&logNo=150177200215
https://economy-play.tistory.com/entry/%EB%B2%A0%EB%A5%B8-%EC%97%AD%EC%82%AC%EB%AC%B8%ED%99%94%EC%A7%80%EB%A6%AC%EA%B4%80%EA%B4%91-%EC%97%90-%EB%8C%80%ED%95%B4-%EC%95%8C%EC%95%84%EB%B3%B4%EA%B8%B0
https://economy-play.tistory.com/entry/%EC%8A%A4%EC%9C%84%EC%8A%A4-%EC%88%98%EB%8F%84%EC%A3%BC%EC%9A%94%EB%8F%84%EC%8B%9C%EB%AC%B8%ED%99%94%EA%B4%80%EA%B4%91%EC%A0%84%EB%A7%9D%EC-%97%90-%EB%8C%80%ED%95%B4-%EC%95%8C%EC%95%84%EB%B3%B4%EA%B8%B0
https://www.playwings.co.kr/cityguides/2VllM074ypfCZ3GA0gY9ps/
https://www.myswitzerland.com/ko/experiences/events/all-events/-/bern-1/?rubrik=carnivalevents
https://m.momonews.com/35995
https://www.bern.com/en/news-events/detail/gurten-festival-2
https://www.myswitzerland.com/ko/experiences/events/gurten-festival/
https://en.wikipedia.org/wiki/Zytglogge
https://de.wikipedia.org/wiki/Kunstmuseum_Bern
https://www.myswitzerland.com/en-th/experiences/bern-bear-park/
https://www.myswitzerland.com/en/experiences/bundeshaus/
https://en.wikipedia.org/wiki/Federal_Palace_of_Switzerland
https://en.wikipedia.org/wiki/Einsteinhaus
https://www.myswitzerland.com/en-il/experiences/einstein-house/
https://en.wikipedia.org/wiki/Albert_Einstein
https://www.britannica.com/biography/Albert-Einstein/Nazi-backlash-and-coming-to-America
https://de.wikipedia.org/wiki/Bernisches_Historisches_Museum
https://www.myswitzerland.com/en-il/experiences/einstein-house/
https://www.bhm.ch/en/about-us/museum
https://en.wikipedia.org/wiki/Bern_Historical_Museum
https://www.myswitzerland.com/ko/experiences/old-city-of-bern/
https://en.wikipedia.org/wiki/Old_City_(Bern)
https://www.myswitzerland.com/en-ch/experiences/omega-museum/

## 루체른

https://ko.wikipedia.org/wiki/%EB%A3%A8%EC%B2%B4%EB%A5%B8
https://www.dtnews24.com/news/articleView.html?idxno=421690
https://ko.wikipedia.org/wiki/%EB%A3%A8%EC%B2%B4%EB%A5%B8
https://www.myswitzerland.com/ko/destinations/luzern/
https://ko.wikipedia.org/wiki/%EB%A3%A8%EC%B2%B4%EB%A5%B8%EC%A3%BC
https://jmagazine.joins.com/forbes/view/322395
https://www.hisour.com/ko/lucerne-travel-guide-switzerland-63232/
https://en.wikipedia.org/wiki/Lake_Lucerne
https://www.myswitzerland.com/ko/destinations/lake-lucerne/
https://www.myswitzerland.com/ko/experiences/chapel-bridge-and-water-tower/
https://www.myswitzerland.com/ko/destinations/lake-lucerne/
https://de.wikipedia.org/wiki/Sammlung_Rosengart
https://www.rosengart.ch/en/
https://de.wikipedia.org/wiki/Sammlung_Rosengart
https://www.rosengart.ch/en/
https://www.gpsmycity.com/attractions/nolliturm-(nolli-tower)-20307.html
https://www.myswitzerland.com/ko/accommodations/barabas-hotel-luzern/
https://de.wikipedia.org/wiki/Rathaus_(Luzern)
https://en.wikipedia.org/wiki/Lion_Monument
https://en.wikipedia.org/wiki/Rigi
https://en.wikipedia.org/wiki/Vitznau
https://www.myswitzerland.com/ko/destinations/weggis/
https://en.wikipedia.org/wiki/Weggis

## 바젤

https://namu.wiki/w/%EB%B0%94%EC%A0%A4
https://www.hankyung.com/article/202103237039Q
https://wiki.hash.kr/index.php/%EB%B0%94%EC%A0%A4#.EC.97.AD.EC.82.AC
https://www.myswitzerland.com/ko/experiences/market-square-and-town-hall/
https://en.wikipedia.org/wiki/Basel_Town_Hall
https://en.wikipedia.org/wiki/Basel_Minster
https://www.myswitzerland.com/ko/experiences/the-muenster/
https://en.wikipedia.org/wiki/Beyeler_Foundation
https://www.myswitzerland.com/ko/planning/about-switzerland/the-swiss-art-and-culture-scene/art-museums-and-collections/
https://en.wikipedia.org/wiki/Museum_Tinguely

https://www.myswitzerland.com/ko/experiences/museum-tinguely/
https://en.wikipedia.org/wiki/Roche_Tower
https://www.Autodesk.com
https://www.autodesk.com/kr/design-make/articles/roche-tower-kr
https://en.wikipedia.org/wiki/Kunstmuseum_Basel
https://www.myswitzerland.com/en/experiences/kunstmuseum-basel/
https://en.wikipedia.org/wiki/Middle_Bridge,_Basel
https://www.basel.com/en/attractions/vitra-design-museum-880b951492?utm_source=adgrant&gad_source=1&gclid=CjwKCAjw9IayBhBJEiwAVuc3fj7Eef4MXZamSaBVN7a1GDfsD-8vBsjGRVyMmBwzdCe0QvHgURlYk_RoC7F4QAvD_BwE
https://www.artbasel.com/basel
https://www.myswitzerland.com/ko/experiences/events/art-basel/
https://www.cornucopia-events.co.uk/art-basel-switzerland/

## 몽트뢰

https://www.myswitzerland.com/ko/destinations/montreux/
https://www.shoestring.kr/shoecast/europe/80_montreux/montreux.html
https://www.turista.co.kr/index.php?ref=user&type=content&action=view&content_idx=687
https://en.wikipedia.org/wiki/Freddie_Mercury#/media/File:Freddie_Mercury_performing_in_New_Haven,_CT,_November_1977.jpg
https://en.wikipedia.org/wiki/Freddie_Mercury#/media/File:FreddieMercurySinging1977.jpg
https://en.wikipedia.org/wiki/Freddie_Mercury
https://www.montreuxriviera.com/en/P976/freddie-mercury-statue
https://ko.wikipedia.org/wiki/%EC%B0%B0%EB%A6%AC_%EC%B1%84%ED%94%8C%EB%A6%B0#/media/%ED%8C%8C%EC%9D%BC:Charlie_Chaplin_by_Charles_C._Zoller_4.jpg
https://ko.wikipedia.org/wiki/%EC%B0%B0%EB%A6%AC_%EC%B1%84%ED%94%8C%EB%A6%B0#/media/%ED%8C%8C%EC%9D%BC:Charlie_Chaplin_portrait.jpg
https://en.wikipedia.org/wiki/Charlie_Chaplin
https://en.wikipedia.org/wiki/Fork_of_Vevey
https://www.alimentarium.org/en/basic-page/fork

## 로잔

https://www.myswitzerland.com/ko/destinations/lausanne/
http://wiki.hash.kr/index.php/%EB%A1%9C%EC%9E%94
https://ko.wikipedia.org/wiki/%EC%98%A4%EB%93%9C%EB%A6%AC_%ED%97%B5%EB%B2%88#/media/%ED%8C%8C%EC%9D%BC:Audrey_Hepburn_1956.jpg
https://ko.wikipedia.org/wiki/%ED%8B%B0%ED%8C%8C%EB%8B%88%EC%97%90%EC%84%9C_%EC%95%84%EC%B9%A8%EC%9D%84#/media/%ED%8C%8C%EC%9D%BC-

C:Breakfast_at_Tiffany's_(1961_poster).jpg
https://en.wikipedia.org/wiki/Audrey_Hepburn

## 루가노

https://www.myswitzerland.com/ko/destinations/lugano-1/
https://ko.wikipedia.org/wiki/%EB%A3%A8%EA%B0%80%EB%85%B8
https://namu.wiki/w/%EB%A3%A8%EA%B0%80%EB%85%B8
https://cncitymaum.org/culture-life/?board_name=cncity_cnl&order_by=fn_pid&order_type=desc&vid=108
https://www.myswitzerland.com/ko/experiences/san-salvatore-pinnacle-of-enjoyment/
https://www.luganoregion.com/en/things-to-do/sport-and-nature/nature/scenic-mountains/monte-san-salvatore
https://www.myswitzerland.com/ko/experiences/monte-bre/
https://en.wikipedia.org/wiki/Hermann_Hesse
https://utokpia.tistory.com/1681
https://www.hessemontagnola.ch/
https://www.myswitzerland.com/ko/experiences/hermann-hesse-foundation/
https://www.myswitzerland.com/ko/experiences/lac/
https://it.wikipedia.org/wiki/Chiesa_di_San_Carlo_Borromeo_(Lugano_Centro)
https://www.myswitzerland.com/ko/planning/about-switzerland/history-of-switzerland/conflict-and-religious-wars/
https://www.luganoregion.com/it/commons/details/1151
https://www.luganoregion.com/en/commons/details/Via-Pessina/150307.html

## 장크트갈렌

https://en.wikipedia.org/wiki/St._Gallen
https://www.myswitzerland.com/en/destinations/stgallen/
https://www.citypopulation.de/en/switzerland/stgallen/st_gallen/3203__st_gallen/
https://blog.naver.com/sj1001sj/221057294807
https://en.wikipedia.org/wiki/Abbey_of_Saint_Gall
https://www.myswitzerland.com/en/experiences/st-gallen-abbey-district/
https://www.kunsthallesanktgallen.ch/en/
https://www.e-flux.com/directory/1885/kunst-halle-sankt-gallen/
https://artlisting.org/listing/kunst-halle-sankt-gallen/
https://tfmedia.co.kr/news/article.html?no=63787
https://digitalchosun.dizzo.com/site/data/html_dir/2017/04/13/2017041310961.html

https://www.chocolarium.ch/en
https://tfmedia.co.kr/news/article.html?no=63787

## 다보스

https://www.myswitzerland.com/ko/destinations/davos/
https://www.citypopulation.de/en/switzerland/graubunden/region_pr%C3%A4ttigau_davos/3851__davos/
https://en.wikipedia.org/wiki/Davos
https://en.wikipedia.org/wiki/Davos_Congress_Centre
https://brunch.co.kr/@erding89/328
https://www.myswitzerland.com/ko/experiences/kirchner-museum/
https://www.myswitzerland.com/ko/experiences/adventure-park-davos-faerich/
https://www.myswitzerland.com/en/experiences/schatzalp-1/
https://www.myswitzerland.com/ko/accommodations/berghotel-schatzalp/

## 체르마트

https://en.wikipedia.org/wiki/Zermatt
https://swissfamilyfun.com/gornergrat/
https://www.citypopulation.de/en/switzerland/agglocore/AK6300__zermatt/
https://swissfamilyfun.com/matterhorn-glacier-trail/
https://www.journeyera.com/matterhorn-glacier-trail-hike/
https://www.lovevda.it/en/experiences/cable-cars-4000-metres/plateau-rosa-matterhorn
https://en.wikipedia.org/wiki/Matterhorn
https://brienz-rothorn-bahn.ch/fahrplan-preise/
https://www.matterhornparadise.ch/en/experience/peaks/rothorn
https://en.wikipedia.org/wiki/Brienzer_Rothorn
https://www.zermatt.ch/en/Media/Attractions/Gornergrat
https://www.myswitzerland.com/en-ch/experiences/gornergrat/
https://en.wikipedia.org/wiki/Gornergrat
https://www.zermatt.ch/en/Media/Attractions/Riffelsee
https://www.gornergrat.ch/en/stories/riffelsee-lake
https://en.wikipedia.org/wiki/Riffelberg_railway_station
https://zermatt-unplugged.ch/en/stages/riffelberg/
https://www.matterhornparadise.ch/en/experience/peaks/matterhorn-glacier-paradise
https://switzerlandtravelcentre.com/en/che/ticket/matterhorn-glacier-paradise
https://en.wikipedia.org/wiki/Schwarzsee_(Zermatt)

https://www.myswitzerland.com/en/destinations/schwarzsee/
https://www.zermatt.ch/en/Media/Planning-hikes-tours/Zermatt-Village-Tour
https://www.zermatt.ch/en/Zermatt

## 융프라우

https://swissfamilyfun.com/jungfraujoch-top-of-europe/
https://en.wikipedia.org/wiki/Jungfrau#
https://swissfamilyfun.com/jungfraujoch-top-of-europe/
https://swissfamilyfun.com/jungfrau-region-family-hikes/
https://en.wikipedia.org/wiki/Interlaken#
https://www.citypopulation.de/en/switzerland/bern/verwaltungskreis_interlak/0581__interlaken/
https://en.wikipedia.org/wiki/Grindelwald
https://www.myswitzerland.com/en/experiences/grindelwald-first-1/
https://grindelwald.swiss/en/map/detail/grindelwald-first-b8e09f4c-b0e7-439b-a1fa-fb0285e72279.html
https://en.wikipedia.org/wiki/Bachalpsee
https://www.swiss-spectator.ch/schynige-platte-alpine-garden/
https://en.wikipedia.org/wiki/Schynige_Platte_Alpine_Garden
https://alpengarten.ch/en/
https://www.myswitzerland.com/en-ch/destinations/wilderswil-gsteigwiler-saxeten/
https://en.wikipedia.org/wiki/Wilderswil
https://en.wikipedia.org/wiki/Jungfraujoch
https://www.myswitzerland.com/ko/destinations/jungfraujoch/
https://grindelwald.swiss/en/map/detail/jungfraujoch-top-of-europe-3f8f474e-cd14-4016-aa63-cc434dd41888.html
https://www.myswitzerland.com/ko/experiences/observation-terrace-sphinx/
https://news.alpineholidayservices.ch/eiger-glacier-eigergletscher/
https://en.wikipedia.org/wiki/Eigergletscher_railway_station
https://news.alpineholidayservices.ch/eiger-glacier-eigergletscher/
https://en.wikipedia.org/wiki/Eigergletscher_railway_station
https://www.myswitzerland.com/ko/destinations/wengen/
https://en.wikipedia.org/wiki/Staubbach_Falls
https://www.myswitzerland.com/en/destinations/lauterbrunnen/
https://en.wikipedia.org/wiki/Staubbach_Falls
https://en.wikipedia.org/wiki/Lauterbrunnen
https://www.myswitzerland.com/en/destinations/muerren/
https://en.wikipedia.org/wiki/M%C3%BCrren
https://www.myswitzerland.com/en/experiences/schilthorn-1/
https://en.wikipedia.org/wiki/Schilthorn

https://en.wikipedia.org/wiki/Harderkulm
https://www.interlaken.ch/en/experiences/mountains-panoramas/mountain-excursions/harder-kulm
https://www.thunerseeschloesser.ch/en/castle-spiez
https://www.myswitzerland.com/en/experiences/spiez-castle-museum/
https://www.myswitzerland.com/en/destinations/spiez/
https://www.thunerseeschloesser.ch/en/castle-spiez
https://www.myswitzerland.com/en/experiences/spiez-castle-museum/
https://www.myswitzerland.com/en/destinations/spiez/
https://en.wikipedia.org/wiki/Iseltwald
https://www.myswitzerland.com/en/destinations/iseltwald/
https://www.myswitzerland.com/en/experiences/giessbach-falls-and-hotel-giessbach/
https://swissfamilyfun.com/giessbach-waterfalls/

## 장크트모리츠

https://en.wikipedia.org/wiki/St._Moritz#
https://www.citypopulation.de/en/switzerland/graubunden/region_maloja/3787__st_moritz/
https://swissfamilyfun.com/summer-hiking-in-engadin/

## 마이엔펠트

https://en.wikipedia.org/wiki/Maienfeld
https://www.citypopulation.de/en/switzerland/graubunden/region_landquart/3953__maienfeld/
https://www.heididorf.ch/en/welcome/heidis-village/
https://www.myswitzerland.com/en/experiences/heididorf/
https://terms.naver.com/entry.naver?docId=5702314&cid=64656&categoryId=64656
https://www.myswitzerland.com/en/accommodations/grand-resort-bad-ragaz

## 아펜첼

https://en.wikipedia.org/wiki/Appenzell_(village)
https://commons.wikimedia.org/wiki/File:Appenzell_Innerrhoden_in_Switzerland_%28river_location_map_scheme%29.svg
https://www.citypopulation.de/en/switzerland/appenzellinnerrhoden/appenzell_innerrhoden/3101__appenzell/
https://www.myswitzerland.com/ko/destinations/appenzell/
https://www.verlagshaus-schwellbrunn.ch/appenzellerland/brauchtum-im-appenzellerland/detail////375-landsgemeinde.html

## 크랑몬타나

https://en.wikipedia.org/wiki/Crans-Montana#
https://www.citypopulation.de/en/switzerland/agglocore/AK6253_crans_montana/
https://www.crans-montana.ch/en/funicular/
https://www.crans-montana.ch/en/
https://www.crans-montana.ch/en/funicular/
https://www.crans-montana.ch/en/?&idcmt=Partenaire_Etablissementpublic_99fdaedf7855af037d3fd-7c15ce06300
https://www.buvettes-alpage.ch/plumachit
https://www.crans-montana.ch/grandeur_nature?xopen=webnewpage_f5cdd775c8f8d22e85534d-0d87816554&lg=en&
https://www.crans-montana.ch/en/walking/
https://www.crans-montana.ch/en/?&idcmt=Partenaire_Activite_e8e62954f29f7a7d35a5c04f2fa13239
https://www.crans-montana.ch/en/?&idcmt=Partenaire_Campinggroupescabanes_b66c07de9e11f9fd3ab-33e302c6d19ad
https://www.campingmoubra.ch/

## 기타

https://www.myswitzerland.com/en-ch/experiences/summer-autumn/oenotourism/swiss-wine/
https://www.myswitzerland.com/ko/planning/about-switzerland/custom-and-tradition/typical-wine/
https://en.wikipedia.org/wiki/Swiss_wine
https://switzerland-wine.com/
https://www.eurail.com/ko/plan-your-trip/trip-ideas/trains-europe/scenic-train-routes/golden-pass
https://www.swissasap.com/premium-panoramic-train/goldenpass-express/
https://en.wikipedia.org/wiki/GoldenPass_Express
https://www.myswitzerland.com/ko/experiences/goldenpass-express/
https://www.myswitzerland.com/ko/experiences/experience-tour/train-bus-boat-grand-train-tour/premium-panoramic-trains/
https://www.eurail.com/ko/plan-your-trip/trip-ideas/trains-europe/scenic-train-routes/glacier-express
https://www.myswitzerland.com/ko/experiences/glacier-express/
https://en.wikipedia.org/wiki/Johann_Heinrich_Pestalozzi
https://jhpestalozzi.org/
https://en.wikipedia.org/wiki/Roger_Federer#Off_the_court
https://www.express.co.uk/sport/tennis/927609/Roger-Federer-foundation-Match-for-Africa-Bill-Gates
https://robsrolexchronicle.blogspot.com/2016/06/every-rolex-tells-story-roger-federer.html
https://en.wikipedia.org/wiki/Le_Corbusier
https://m.dnews.co.kr/m_home/view.jsp?idxno=201509140903145330396
https://terms.naver.com/entry.naver?docId=3574965&cid=59014&categoryId=59014

https://finaleproject.wordpress.com/2010/12/08/designer-4/

https://en.wikipedia.org/wiki/Mario_Botta

https://www.domusweb.it/en/biographies/mario-botta.html

https://www.tumblr.com/thetriumphofpostmodernism/158924008438/evry-cathedral-mario-botta-1995-photo-by

https://en.wikipedia.org/wiki/Herzog_%26_de_Meuron

https://www.artinsight.co.kr/news/view.php?no=54229